「3·11フクシマ」の地から原発のない社会を！

第二回「原発と人権」全国研究交流集会
「脱原発分科会」実行委員会❖編著

原発公害
反対闘争の
最前線
から

花伝社

目次

第Ⅲ部 特別寄稿

〔資料〕

大会の様子

淡路剛久氏（日本環境会議名誉理事長・立教大学名誉教授）

序　「脱原発へ、司法の道」

第二回「原発と人権」全国研究・交流集会実行委員長　淡路剛久

二〇一二年四月七・八日に開かれた「『原発と人権』――全国研究・交流集会 in 福島」から二年が経過した二〇一四年四月五・六日、第二回目の「『原発と人権』――全国研究交流集会 in 福島」（以下、本研究集会という）が開かれた。本ブックレットは、脱原発分科会における報告と議論を再生した貴重かつ重要な記録である。

原発訴訟は、行政事件訴訟や民事訴訟の形で、過去四〇年以上にわたって、繰り返し各地で争われてきた。しかし、二〇一一年三月一一日の東日本大震災とそれに伴って発生した福島第一原子力発電所の過酷事故までは、各地の訴訟弁護団および原告団の横の連携や、時代を経た経験と知見の縦の承継は、希薄であったようである（この点については、第一回「原発と人権」集会第四分科会のまとめとして、望月賢司弁護士が述べられている。「脱原発の司法判断を求めて」『法と民主主義』四七一号四八頁）。

しかし、福島原発事故は、原発という施設がもつ「本質的危険性」（後掲の大飯原発運転差止請求事件判決の表現）を、不幸にして、現実の事象として具現化した。各地の原発訴訟弁護団は「脱原発弁護団」を組織し、あるいは第一回そして第二回の本研究集会に参加し、福島原発事故の過酷事故の事象をすべての原発施設が持つ共通の、かつ現実の危険性として捉え、共同して知見を共有することになった。立地地域の住民もまた、連携して脱原発の運動、原発再稼働に反対し、とくに福島原発事故で被災した福島県住民は、福島県全原発の廃炉を主張している。

本研究集会にフランスより参加されたミシェル・プリウール名誉教授（リモージュ大学）は、脱原発の運動として、デモンストレーション（運動などによる意思表示）と訴訟が重要であると述べられ、河合弘之弁護士（脱原発弁護団全国連絡会共同代表）もまた、訴訟が継続的運動の方法として重要であることを指摘された。

＊

福島原発事故後、世界では、脱原発の動きが出てきたことが注目される。スイスのように領域の小さな国では、原発事故が起これば、国の存立が危うくなるであろう。同国政府は、原発の新設禁止と開始稼動後五〇年をメドにして順次閉鎖することを決めた。イタリアは、チェルノブイリ事故時、世論は原発反対に大きく傾き（事故時、私は北イタリアに滞在していたが、人々が放射能汚染にきわめて敏感に反応していた記憶がある）、その後脱原発政策を撤回しようとしたが、福島事故を受けて原発に依存しない道を選択し続けている。ドイツは、一九七〇年代のヴィール原発建設反対運動から実に長期間、原発の是非をめぐって真剣な議論を続けてきたが、福島原発事故をきっかけとして設置された「安全なエネルギー供給のための倫理委員会」が脱原発の道を選択し、政府はこれに従って脱原発政策を法律によって決定した。

翻って、日本の福島原発事故を思い起こそう。もし、あの時、四号機の使用済み核燃料プールの冷却水喪失事故などが起こっていたならば、首都圏も甚大な放射能汚染を被っていたであろうといわれている。東日本は住めなくなっていたかもしれない。そうならなかったことは、「誠に幸運と言うしかない」（後掲の大飯原発運転差止請求事件判決の表現）。

しかし、「幸運」にわれわれの生命、健康、財産を、そして将来世代の運命を委ねることはできない。冷静な議論が必要である。その場は、現在、残念ながら、政治の場にも行政の場にも設けられていない。そうなると、訴訟が議論の場ということになろう。

＊＊

原発訴訟における重要な争点は、原発の安全性、エネルギー源としての経済性、使用済み核燃料の最終処分等多くあるが、福島原発事故後の最大の争点は原発施設の安全性の問題であろう。その安全性をめぐる議論は、福島事故前と事故後とで同じであるはずはない。そのことを司法判断として明確に示したのは、大飯原発運転差止請求事件につき同発電所三号機・四号機の原子炉の運転の差止を命じた福井地方裁判所平成二六年五月二一日判決である。

福島原発事故前、原発の安全性をめぐる訴訟は、要約的に言えば、原発の安全性に関わる専門的技術とその法的評価についての争いであり、原子炉等規制法（「核原料物質、核燃料物質及び原子炉の規制に関する法律」）をはじめとする法律に基づく安全審査があることから、司法審査は、その安全審査基準をめぐって争われるのが通常であった。そうして、原発行政訴訟（取消訴訟）である伊方原発訴訟に関する最高裁判決（平成四年一〇月二九日判決）は、いわゆる専門技術的裁量論をとり、行政庁における専門技術的な委員会における調査審議および判断を基にしてなされた行政庁の判断に不合理な点があるか否かという観点から司法審査がなされるべきだとして（「現在の科学技術水準に照らし、右調査審議において用いられた具体的審査基準に不合理な点があり、あるいは当該原子炉施設が右の具体的審査基準に適合するとした原子力委員会もしくは原子炉安全専門審査会の調査審議及び判断の過程に看過しがたい過誤、欠落があり、被告行政庁の判断がこれに依拠してされたと認められる場合には、……違法となる」）、行政庁の安全審査の判断基準と判断過程を第一義的に尊重する判断を示していた。そして、そのような考え方は、原発民事訴訟にも実質的に影響を与えていたように思われる（たとえば、原発の運転の差止を認めた一審・金沢地裁平成一八年三月二四日判決を取り消して、差止請求棄却の判決をした志賀原発訴訟に関する名古屋高判金沢支部平成二一年三月一八日判決は、被告事業者側が安全審査基準を満たしていることを立証すれば、安全性が認められるから、原告側が具体的危険性の主張立証をする必要があるとした）。

しかし、福島原発事故後、かつての安全基準は安全基準でないことが具体的な事実として示された。そこで、国は、原子力規制庁を設置し、原発の安全性に関して新規制基準（新安全基準）を定めた。それならば、新安全基準に適合していると判断された原子炉施設は、安全な原発施設として運転を認められるべきであろうか。

本研究集会においては、この点が重要な論点として議論されている。泊原発訴訟の原告弁護団からは、第一回研究集会において、従来、原発の安全性を強調してきた原子力事業者（絶対的安全性ということばは使っていなかったかもしれないが、絶対に安全であることを強調してきた）より、原発が備えるべき安全性については絶対的安全性を求めることはできず、その危険性が社会的効用との対比において社会通念上容認することができる水準であれば足りるとの主張がなされていることが紹介された。従来の主張を転倒させたものとして批判を免れない議論である。また本第二回集会においては、河合弁護士から、新規制基準について多面的な批判と問題点が提示されている。

はたして、福島原発事故後も、新安全基準を法的評価の判断基準として、司法上、合法あるいは違法の判断をおこなうべきであろうか。

＊＊＊

この問題について、本研究集会後の五月二一日、大飯原発訴訟に関する福井地方裁判所民事二部は、注目すべき重要な判断を加えて、同原発から二五〇㎞の圏内に居住する原告に対する関係で同原発三号機および四号機の原子炉を運転してはならない、との画期的な判決を言い渡した。

同判決について、詳細に紹介することはできないが、冒頭、人の生命、身体や生活基盤の高度の要保護性を強調していること、それが本件訴訟における解釈上の指針となること、人格権は憲法上の権利であり（一三条、二五条）、人の生命を基礎とするがゆえに、我が国の法制下においてはこれを超える価値を他に見出すことはできないとしていること、人格権とりわけ生命を守り生活を維持するという人格権の根幹部分に対する具体的侵害のおそれがあるときは、人格権に基づいて差止を請求でき、その侵害形態が多数人の人格権を同時に侵害する性質を有するとき、その差止の要請は強く働く、と判示していることに、注意が向けられるべきであろう。当然といえば当然の指摘であるが、生命・身体・生活基盤という人格権の根幹部分をなす根源的な権利と原発の運転の利益という経済的効用との比較を主張する原子力事業者があるだけに、重要な指摘である。

同判決は、次いで、本件原発に求められるべき安全性について、こう判示している。原子力発電の稼働という経済的利益は、憲法上は人格権の中核部分（根源的な人格権）よりも劣位に置かれるべきものであり、この根源的な人格権が極めて広範に奪われる事態を招く可能性があるのが原発事故であるが、少なくとも、このような事態を招く具体的危険性が万が一でもあれば、差止が認められるのは当然である。そして、本件訴訟では、このような事態を招く具体的危険性が万が一でもあるかが判断の対象となるとする。そうして、この理は、人格権の我が国の法制における地位や条理等によって導かれるものであって、原子炉等規制法などの行政法規のあり方、内容によって左右されるものではないという。判決は、このようにして、専門技術的見地からされる新規性基準への適合性の審査の方式ではなく、上記の観点から万が一の具体的危険性があるか否かという観点から、本件の司法判断を行っている。そのさい、具体的危険性の判断基準となったのは、現実に生じた事象、たとえばここ一〇年足らずの間に四つの原発に到来した地震動であり、また、福島原発事故において現実に発生した事象である。

以上からすると、本判決が原発に要求する具体的危険性を回避する安全性の基準は、相対的安全性に対置される絶対的安全性の基準というよりは、想定危険の回避基準（新安全基準）と対置される現実危険の回避基準と理解されるべきではないか、と思われる。現実に発生した原発事故の事象を基準として安全性あるいは危険性の判断を行うべきことを示したのである。

いずれにしても、本福井地裁の考え方は、本研究集会で報告され、議論された多くの論点に重なり、あるいはそれに応えるものとなっている。本ブックレットが広く読まれることを期待したい。

集会アピール

私たちは、この集会の第１回を２０１２年４月に行いました。それは、東日本大震災・福島原発事故から１年が過ぎ、多くの力を結集して、事態に向き合い、運動に立ち上がる時期でした。

それからさらに２年近くが経ちました。この間、各地での運動・訴訟は広がり、一定の蓄積が出来ました。

しかし他方で、被害の回復、補償・賠償、地域の再生は遅々として進まず、事故原因の究明は不十分なままに、東京電力も政府も責任逃れに終始しています。それどころか、安倍首相の「アンダー・コントロール」発言に見られるように、事態の無責任な矮小化を図り、原発の再稼働、原発建設の再開、原発輸出政策を積極的に推し進めようとしています。また、残念なことですが、事故の風化が進もうとしており、避難者の帰還、被害者の賠償が様々な困難に直面しているのも事実です。

私たちは、こうした状況のもと、これまでの運動の到達点と今どのような状況なのかの認識を共通のものとするとともに、今後どの方向へ闘いを進めていくのか、意見交流、議論を行うために、福島大学で第２回の集会を開きました。この集会には北海道から九州まで、５３１名の人びとが、参加しました。

１日目の全体会では、被害者の視点から、事故解明研究の専門家でありノンフィクション作家の柳田邦男さんに基調講演をしていただくとともに、フランスのリモージュ大学名誉教授のミシェル・プリウールさんに国際人権の立場からのお話をいただきました。さらには、福島現地での取り組みの報告、被害者・市民、首長からの訴えも受け、事故から３年を経た福島の状況をはじめ、広い視野からさまざまなことを学ぶことが出来ました。

２日目はそれを踏まえて、原告・被害者の交流、学者と弁護士の損害と責任をめぐる共同研究、脱原発へ向けた取り組み、原発事故報道をめぐる問題、国際的視野からの脱原発・核兵器廃絶という５つのテーマの分科会にわかれて、より具体的な議論を行いました。

私たちはこの２日間の議論を踏まえて、失われた生命・健康、失われた生活、失われた財産、失われた家族・コミュニティー、失われた自然、そうしたものの総体としての失われた人権の回復を求め続けていくとともに、様々な分野を超えた連帯、「脱原発」の運動との連携を深め、国際的な連帯・協同の中で原発問題の解決を考えていくことを確認し、今回の集会のアピールとします。

２０１４年4月6日
「第２回『原発と人権』全国研究・交流集会 in 福島」参加者一同

発刊にあたっての言葉にかえて――「開会あいさつ」

脱原発分科会実行委員会代表　弁護士　**小野寺利孝**

「3・11フクシマ」の地から原発のない社会を求めて脱原発分科会を企画をさせていただきました実行委員会を代表して一言ご挨拶申し上げます。

三・一一、あの過酷な原発事故から三年経過しました。二年前に開催された第一回「原発と人権」全国研究集会に引き続いて再び「脱原発」を掲げた分科会を持つことになりました。

私たちは、この二年間の情勢の変化をきちんと踏まえた上で、脱原発の課題と展望について討論したいと思います。福島原発被害者が求めてやまないことは、「原発公害による被害者は私たちを最後にしてほしい」という思いです。全国各地の原発立地町村のみならず、その周辺の住民の皆さんが、再びこのような悲惨な被害を味わわないようにしてほしいという願いに基づいて、この間、福島県内ではいくつかの「避難者訴訟」、あるいは「住民訴訟」が提起されました。さらには訴訟ではなく住民運動によって、「すべての原発を廃炉に」という県民運動が生まれました。このような新しい闘いが、この二年間の中で大きく前進しています。

現政権は、いったん破綻したエネルギー政策の再構築の中で原発推進を明確に位置づけ、「原発再稼働」へ、さらには「原発輸出」へとまるで原発事故などなかったかのように原発政策を推進しています。今日の広範な原発公害被害者たちの願いは完全賠償ですが、一番求めているのは三・一一以前の平凡ではあるけれども、人間らしく生きられた、そういう生活を取り戻したいというものであり、この闘いと原発をなくそうという闘いは根っこでまさに一つになっていると思います。

私は福島地方裁判所いわき支部に提訴した「避難者訴訟」と「いわき住民訴訟」を担当している「福島原発被害弁護団」の共同代表の一人であり、「脱原発弁護団全国連絡会」のメンバーの一人でもありますが、福島原発公害被害者のかかる痛切なおもいを受けとめ、「脱原発分科会実行委員会」を結成し、皆さん方にこの企画をご提案させていただくことになった次第です。

この「分科会」には、脱原発、反原発で各界の第一線で闘っている方々に基調講演あるいは基調報告、討論への参加をお願いしました。裁判闘争でも全国の脱原発の闘いの先頭に立つ弁護団、そして原告団の代表の皆さん方にご参加いただいておりまして、脱原発をめざす市民・住民運動と差止訴訟と損害賠償訴訟を闘う裁判闘争を結びつけた分科会というのが特徴です。

これまでにない企画であろうと思い、分科会での討論の内容は、すべての発言を録音させていただき、後日分科会の報告集をまとめて、ご参加いただけなかった全国で脱原発、反原発で闘っておられる皆さん方にお渡ししたいと思います。かくして今般、本書刊行のはこびとなった次第です。

（注）当日の司会をご担当いただいたのは、広田次男さんと丸山幸司さんです。広田さんは福島原発被害弁護団の共同代表であり、福島原発の廃炉を求める住民運動の事務局を担当されている弁護士です。丸山さんは東海第二原発の弁護団と福島原発被害弁護団のメンバーで、差止訴訟と損害賠償訴訟を担う弁護士です。広田・丸山両弁護士の司会によって密度の濃い内容の分科会となりましたが、編集のうえで司会発言を掲載していません。

第２回「原発と人権」全国研究交流集会 in 福島
（2014 年４月６日午前９：30〜午後３：00、福島大学）

脱原発分科会のご案内

3・11 福島原発公害発生から３年を経た今日なお、「避難者」は 14 万人を超え、浜通りを中心に 1,150 ㎢に及ぶ広大な地域が「無人の地」のままです。さらに県内の大部分の地域は、自然放射線量を超える人工放射線量にさらされ続け、県民が不安と制約の下でのストレスによって３・11 以前の平穏な生活を奪われています。

「福島原発公害被害者」の基本要求は、破壊され傷つけられたコミュニテイを取り戻すことを基本とする「原状回復要求・完全賠償要求」であるとともに、二度と原発公害の悲劇を繰り返してはならないという「原発公害根絶要求」です。しかし、安倍政権は、被害者と国民の要求に背き、今後のエネルギー政策の基本に原発推進政策を据え、停止中の原発の再稼働のみならず新たな建設計画中の原発の完成をも目指し、さらには原発輸出を国策として推進しつつあります。

私たちは、この福島の地から、全国各地で原発の再稼働を許さず、全ての原発の廃炉を実現し、原発のない社会を目指して闘っている人々に次の２点を踏まえてこの分科会への参加を呼びかます。

第１に、福島県内の全ての原発の廃炉を求める県民運動と全国で脱原発訴訟を闘う「原告団」・「支援」の活動と脱原発を求める草の根の住民運動・国民運動のそれぞれの活動の経験を交流し、原発のない社会を目指す国民共同を求めて討議したい。

第２に、脱原発を闘う人々と福島の地元で「あやまれ、つぐなえ、なくせ原発・放射能汚染」をスローガンに掲げて闘う「原発公害訴訟原告団」と「支援」の活動との連帯を追求したい。

このような願いから、当分科会実行委員会が以下の通りの企画を準備しました。ぜひ全国各地からこの分科会へのご参加を期待します。

脱原発分科会実行委員会

小野寺利孝氏（福島原発被害弁護団共同代表・弁護士）

第Ⅰ部

脱原発をめぐる情勢と闘いの展望を考える

一　基調報告・問題提起

「3・11フクシマ」の教訓と脱原発をめぐる現状と課題

ジャーナリスト　斎藤貴男

私はフリーのライターとして二〇年ぐらい仕事をしております。最初に告白しておきますが、もともとそれほど原発問題に熱心なほうではありませんでした。もちろん反対の立場ではあり、脱原発ということは考えていたのですが、この分野はマスコミの批判も案外と少なくはなく、他の分野と比べて真っ当な論者も多かったですし、専門家の中にも批判される方がそれなりにいました。

私は一方で、最近だとマイナンバーと呼ばれる、住民基本台帳ネットワーク、すなわち国民総背番号制度に対する反対であるとか、あるいは石原慎太郎都知事に対する批判であるとか、自分なりに体制批判的な仕事を進めていく中で、非常に風当たりが強くなり、自分が住んでいるマスコミの世界でもどんどん居場所がなくなっているような状態でした。ですから、正直言って、この上、原発問題まで手掛けて、マスコミの世界で生きていくことができなくなるのはさすがにつらいなというところがありましたので、頼まれれば活動家の方のお話を聞いて短い評伝を書いたり、反核の集会にメッセージを寄せたり、呼びかけ人になったりということはしていましたが、それ以上の仕事はしていませんでした。

東京電力の研究というスタンス

三・一一が起きて、いろいろなことを考えましたが、個人的にはいままでろくなことをしてこなかったのに、鬼の首を取ったように騒ぎ立てるのも嫌だと思い、態度を決めかねていたのですが、たまたまいただいたご依頼などもあり、最終的には『「東京電力」研究　排除の系譜』というタイトルで本を一冊、二〇一二年に書きました。版元は講談社です。

現状、そしてこれからも脱原発のスタンスは変わらずに行くのですが、この本を書いたところで、いろいろな情報が寄せられたり、その後の仕事にもつながってきていますので、この間に私なりに感じたことをお話ししていきたいと思います。

政府のエネルギー計画

斎藤貴男氏

政府はエネルギー基本計画をほぼ自民・公明の与党内で内定、四月一一日に閣議決定しました。この中で政府案にあった福島原発の事故に対する反省という文言が、「はじめに」という部分からは削除され、かなりあとのほうに一カ所だけ出てくるということで、要はこの問題に対する反省とか、そういった意識を非常に後退させているという印象が否めません。

何よりも原子力発電をベースロード電源と位置づけて、相変わらず基幹的な電源だという考え方を維持しているということです。もっと言うと、はっきりと原発推進に戻ったと言い切っても構わないかなとも考えます。

この三年間で何が起きたか

私はこの間、改めていろいろ勉強してみたのですが、二〇〇六年には経済産業省が「原子力立国」を掲げる〝将来ビジョン〟計画をすでに打ち出していました。それは事故があって後退していたのですが、改めて復活を果たしつつあるという感じです。たった三年でこんなことになってきてしまっているわけです。

振り返りますと、二〇一一年の三月一一日に東日本大震災が起こり、福島原発の事故があった。何よりも考えなければならないのは、被災者の生活の回復、原状回復だと思いますが、一方で当時、私が驚いたのは、次のような言論が急に盛んになったことです。つまり私たちはどうやって生きていくべきなのか、あるいは私たちが生きていく上で、経済とは何なのか、経済成長とは何のためにあるのかという議論が少し浮上した時期があったのです。

大きな夢とは

その一方で、これは忘れもしませんが、二〇一一年四月一日のエイプリルフールの日でした。当時の菅直人総理が記者会見で、「被災地の復興をしなければいけない。それはただ単に元に戻す復旧ではなく、大きな夢を持った復興にするんだ」とおっしゃった。

菅さんの思いがまったく理解できないわけではないのですが、私は非常に違和感を持ちました。大きな夢とは何だという話です。まだ事故が起こって二〇日間ほどしか経っていなかった時期です。変な言い方ですが、亡くなった方の四十九日も済んでいない。そのときに総理が〝大きな夢〟とは何だ。まず喪に服すのが先じゃないか。そして幸い生き残ることができた人たちの生活を建て直すことが先だろう。大きな夢とはいったいどういうことなんだと考えていましたら、その答えはすぐ出ました。

それから二カ月も経たない二〇一一年五月の末頃、日本経団連がこの震災を受けた「復興・創世マスタープラン」と題する政策提言を発表しました。「～再び世界に誇れる日本を目指して～」の副題が付いています。当然、東北の復興が第一義という体裁はとっていて、読んでいきますと、確かに東北の復興が最初のほうに出てきます。ただその眼目はあくまでもそれを盾にして、ダシにして、日本経済全体を活性化させようというものです。

活性化が悪いわけではありませんが、復興なくして日本再生なしということで、具体的に何が書いてあるかというと、東北についてはたとえば津波で流された工場がある。そこに新しい工場を建てたいが、お金がない。だからそれは政府が支援すべきであるといった、誰だって考えられるようなことがチラチラ書いてあるわけです。

夢とは経済成長

要はだからいままで経団連が主張していた経済成長戦略を一気に進めるべし、具体的には人件費をもっと下げさせろ。法人税を下げろ。法人税減税の財源には消費税増税を充てろといったことが、次々に列挙されていた。そして実際にそうなりつつあるのですが、この経団連の主張が、いま振り返ってみますと、実は過去三年間の日本社会の基調であり続けてきてしまったのではないか。

図らずもというか、はたしてというか、菅直人さんのおっしゃった大きな夢は、あくまでも経済成長のことを指し、震災と原発事故からの復興はそれを推進する大義名分というだけの役割にされてしまっているのではないかと思います。

これは多くの関係者が望んでいる原状回復、たとえば生業（なりわい）訴訟の生業というニュアンスとは大きくかけ離れています。〝大きな夢〟で経済的な復興がある程度進むかもしれません。でもそれはいままでそこの地元で小さな商売や町工場などをやっていた方々が仕事を失い、そこに新しい大きなスーパーマーケット、ショッピングモールがやってきて、従来以上の生産性を持つようになって、消費を拡大することなんです。いままで仕事がなかった人はそのままでも、そこの経済は少し活性化したからいいじゃないか、どうしても働きたかったら、そこで雇ってもらえばいいじゃないか、こういう考え方にいま日本の社会は支配されつつあると私は考えています。

内需拡大路線

私は学校を出て、最初の頃は『日本工業新聞』というフジ・サンケイグループの産業専門紙で鉄鋼業界担当記者をやっていました。その頃ＪＡＰＩＣという団体が設立されました。日本プロジェクト産業協議会といって、鉄鋼、セメント、建設、銀行、こういった業種のトップが集まった団体です。

ＪＡＰＩＣは当時の内需拡大路線に沿って新しいビッグプロジェクトを次々と打ち出していたのですが、その中には再び関東大震災が起こって、東京が焼け野原になった場合を想定して、どのようなビッグプロジェクトがよいかシミュレーションを繰り返していたのをよく覚えています。
それがいま東北の地で実行されているのだと私は理解しています。

経済・原発推進路線

そうなれば当然、脱原発にしようなどという発想が彼らの間では浮かんでこないのは火を見るよりも明らかなのです。さっき言論状況と言いましたが、私たちはいかに生きるべきか、経済成長とは何ぞやという言論は長続きしませんでした。日に日にやせ衰え、代わりに出てきたのは経済成長をいかに推進すべきかということで、政府もマスコミも一体になって、そういう話ばかりするようになってきていると感じています。

菅さんのあと、野田佳彦政権があり、一昨年の一二月に安倍晋三政権になった。もう安倍政権になってからは一気呵成です。ご存じのとおり、早くから彼は原発推進の考えを示していましたが、アベノミクスでそれが頂点に達したと思います。

アベノミクスの特徴

アベノミクスは「三本の矢」から成っていて、大胆な金融政策、機動的な財政出動、そして成長戦略ですが、最初の二つは同時にやったことは過去あまりありません。つまり金融政策と財政出動はどちらかというと、対立する概念のように捉えられがちで、保守的な立場の人の中でも、どちらを取るかについてはいろいろな考え方があります。

安倍さんの特徴は両方をいっぺんにやってしまおうとしたことです。小泉さんの頃は、どちらかというと財政出動は後退していて、金融政策に始まる新自由主義的な規制緩和ばかりを進めたものですから、そこで守旧派とか、そういう理屈も出てきたわけです。つまり保守の陣営がそこで少し割れたところがある。彼が言うところの自民党をぶっ潰せということですが、安倍さんはそれをまた再び糾合しようとしたということです。

さらに原発と深くかかわる問題は三本目の矢、成長戦略です。これは主に人件費の削減を図った雇用改革とか、そういう部分が目立っていますが、なぜかあまり論じられない、しかし私には非常に重大だと思われる三本目の矢の柱の中にインフラシステム輸出という考え方があります。

官民一体のインフラ輸出戦略

インフラストラクチャー、社会資本をシステムとしてどんどん海外に輸出していくという考え方で、具体的にはたとえばある新興の成長国で、経済成長はしているけれども、当然インフラがそれに追いつきませんから、日本の企業が出ていって、コンサルティングの段階から、どこの町に首都をつくり、その町をどういう都市にして、そこにはどういう電力供給基地を立地し、どこにどういう工場地帯をつくり、そこからまた別の都市まで、どういう鉄道にするのか。新幹線にするのか、リニアモーターカーにするのか。どこにどういう空港をつくるのか、港をつくるのか。これを全部コンサルティングからかかわり、設計し、日本の企業が出ていって、日本の物資を使って施工し、完成後は運転してあげて、メンテナンスまで引き受ける。つまり全部、インフラのすべてを日本企業が官民一体のオールジャパン体制で引き受けようという国策なのです。

それまであった経産省の原子力立国ビジョンと、主に国土交通省が推進していた少子高齢化に伴う内需の低迷に対抗するための外需振興策が一体になったプロジェクトです。

実はこれは安倍さんの専売特許ではなくて、民主党時代に「パッケージ型インフラ海外展開」という名前で、彼らの新成長戦略に盛り込まれていました。そのためには総理大臣はじめ財務大臣とか、経産大臣といった関係閣僚が集まる大臣会合がありまして、これが合計一八回も開かれていました。

新たな二つの要素

安倍政権はこれを丸ごといただいてしまったのです。いかにも彼らしいのですが、民主党が言っていた名前をそのまま使うのは嫌だということで、インフラシステム輸出という名前に言い換え、さらにこれまた彼らしい二つの要素を付け加えました。

一つは当然そこまでかかわるのだから、その国にある地下資源をできるだけいただきましょうという、海外における資源権益の拡大。

もう一つはそうやって海外でのビジネスが拡大すれば、当然、日本人ビジネスマンが外国に行く機会が増える。ましてインフラの工事だとか、資源の獲得ということになれば、さまざまな危険、リスクにもぶつかる。そのときの在外邦人の安全確保を日本の国としてどうするか、この二つを付け加えて、インフラシステム輸出戦略を国策に位置付けたのです。

自衛隊法の改正

　そういう事態が推移している頃、二〇一三年一月に例のアルジェリアの事件が起こりました。英国資本の石油メジャー・BP（ブリティッシュペトロリアム）がアルジェリアのイナメナスというところで操業していた天然ガス精製プラントを武装グループが襲撃し、日本人労働者一〇人を含む約四〇人が殺害された、あの事件です。

　あのとき安倍総理は与党プロジェクトチームを組織しています。つまり自民・公明の主なメンバーを集めて、アルジェリア事件にすぐに対策はとれないけれども、今後、あの種の事件が起きたらどうするか議論しろと指示しました。座長は中谷元・元防衛庁長官。陸上自衛隊出身の方で、私はこの方にも取材しましたが、結果、彼らが打ち出したのは自衛隊法の改正です。

　海外でビジネスマンが何か危険にさらされたときに自衛隊が出動し、とりあえず日本人救出のために自衛隊の車両で移送することを認める自衛隊法改正案が打ち出され、これも昨年中に可決成立しました。

　このときに中谷さんたちが邪魔だと言っていたのが憲法九条の存在です。ああいったときに、できれば戦闘行為もして救出したいというのが彼らの意向であり、事実、自衛隊法は改正されましたが、なにしろ武装グループが活動している地域に丸腰で行けるのかという話ですから、まだ武器弾薬については これからの扱いになっているわけです。

原発輸出

このインフラシステム輸出の中核が実は原発輸出です。パッケージ型であらゆるインフラストラクチャーを海外に展開するのですが、その中核に原発輸出を位置づける。安倍政権になってから、トップセールスでトルコから原発を受注しましたとか、ベトナムで受注した原発が動き出しましたとか、こういうニュースがやたら目立っているのはそのためです。

また、日本経済新聞（二〇一三年一一月一二日）で、「武器技術、トルコと開発」という見出しで、三菱重工が合弁会社をつくって、戦車のエンジンを共同開発するという報道がありました。記事には書かれていませんが、これもまた原発輸出と深いかかわりがあります。

日本経済新聞　2013年（平成25年）11月12日（火曜日）

消費先行きに影
点検 米国景気

暴風・高潮で増幅
フィリピン襲った台風

日本経済新聞
11月12日
火曜日

武器技術、トルコと開発
政府検討
戦車エンジンで
三菱重が合弁

「三原則」巡り議論も

「戦争エンジンの共同開発」を報じた日本経済新聞

日本の原発輸出のライバルになるのは中国、韓国、ロシアといった国々です。フランスも入ってくるでしょうか。アメリカやドイツといった国々はこういった線からは降りているようですが、中でもロシアや韓国が手強いのは、彼らは原発輸出のときに軍事的な指導をパッケージにして売っているからだと伝えられています。

これがあると新興国が原発を推進するときに、自分ではつくれないから海外から原発を輸入するのですが、そのときについでに軍事的な協力も得られるということで、これをロシアや韓国は売り物にしている。

でも日本は憲法九条がありますから、そういうことはできない。では三菱重工の行動は何なのか。トルコと言えば重工の原発の輸出先ではなかったか。今回の武器輸出三原則の緩和というのも深くかかわっているという話です。

つまりこの、アベノミクスの三本目の矢のインフラシステム輸出というプロジェクトは、実のところ憲法九条とか、こういう問題とも深いかかわりがあるということを指摘しておきたいと思います。

原発を売られる国

さて一方、こうやって原発輸出を推進していくとどうなるかというと、輸出だけで収まるはずがないわけです。仮に私が日本の企業なり、日本政府に原発輸出を勧められる外国の側の立場であれば、どのように返すだろうかと考えてみました。

当然、日本の原発には事故の前科があるわけですから、そんな危ない原発をわが国に売りつけるのか。おまえは俺にいくら寄越すかという話になります。

もう一つは、そんな危ない原発をわが国に売りつけようとしてくるおまえの国は、自分で爆発させておいて、危ないからと原発を止めたままじゃないか。そんな危ない原発をわが国が買えると思うのかという話になるに決まっている。これをクリアするために、つまり原発輸出のセールスをスムーズに行うためには、日本国内でも原発を再稼働させなければならないというベクトルが働くということです。

つまり日本の原発を輸出したいとなれば、その原発を視察させるという名目で、相手国の決定権を持つ要人を日本に招待して、賄賂を渡すのかどうかは知りませんが、いろいろ接待する必要が生じるわけです。

ですから脱原発の立場としては、私もそうですが、事故のあと、ほとんど原発が動いていないのに、ちゃんと三度の夏を乗り切ったじゃないか。やはりそんなものがなくても大丈夫なんだとわれわれは言うのですが、そういうことは実は日本政府や原子力村の人たちにはあまり関係がないのです。実質的に原発が必要であろうが、必要でなかろうが、とにかく何が何でも動かす。そこで取りあえず元気に生きている国民を見せ物にするのが目的だということです。ショールームとしての日本列島。

補償しないことの意味

つまり私たちは日本に住んでいるというだけで、いつの間にか原発メーカーや電力会社、および政府のための命知らずの原発セールスパーソンに仕立てられているということです。なかなか補償が進まないのもそのためだと思います。

補償をきちんと進めれば、やはり日本の原発は危ないのか。それほどまでの補償をしなければならないようなものなのかという印象が強まるので、それはしない。何もなかったことにする。だからこそ今度のエネルギー基本計画でもあるのだろうと、私は考えています。

今度のエネルギー基本計画で目立ったのは、反省の後退もそうですが、高速増殖炉「もんじゅ」の活用という項目です。もんじゅは技術的になかなか難しく、核燃料サイクルはもう無理だという意見が原子力村の中でさえ強かったのですが、これを再活用するというストーリーです。

それはいままでのような本来的な意味での核燃料サイクルというよりは、むしろ高レベルな放射性廃棄物の減容という物語に重心が置かれています。つまり再処理を進めれば、放射性廃棄物を再活用できるのだから、最終処分場に持っていって捨てる量を減らすことができるという仮説を強調しているのです。いかにも付け焼き刃というか、原発事故で多くの方が危機感を持っている側面につけ込んだやり方だと言わざるを得ません。

日本を再処理の中心に

私はいま、この問題に関する取材をしているのですが、これだけでもどうも済まないようなことをあちらこちらで言われました。つまり世界中でこの再処理をやっている国はもうあまりなくて、日本のもんじゅが一番進んでいるわけではないけれども、しぶとく生き残っている。そこでこいつを活用し、将来的には日本を世界の再処理の中心に持っていきたいという意向が働いていて、そのためにアメリカやフランスから技術者を連れてきて、もんじゅで研究してもらっている。

これから世界中でどうも六〇〇基以上の新増設の計画があるそうですが、そこで出てくる廃棄物は日本を中心にもんじゅで全部再処理するという意味ではありませんが、そこの技術を世界に広げて再処理を進めるんだということを言っていらっしゃる方が何人かいました。

これをさらに進めていくと、これも人によるので、別に決定事項ではありませんが、ついでに最終処分場も日本国内にできるだけ早急につくる。これはつくらないわけにはいかないのかもしれませんが、つくる。そしてこれも世界の中心にできるのではないか。つまりロシアや韓国が軍事的な指導をおまけにして原発輸出を進めるならば、それができにくい日本ではごみ処理を引き受けてあげよう。それで輸出をするというアイデアを打ち出している人もいます。

エネルギー基本計画にはそこまで盛り込まれていません。過去のいろいろな大臣の私的な研究会の報告書の中にそれらしい文言が入っていたりもするのですが、これはなかなかそんなには簡単ではありません。ただそういう構想さえ一部では浮上しているということをぜひ覚えておいてほしいと思います。

最終処分地の建設

それとはやや別に、過去一〇年間は電力会社が出し合った原子力発電環境整備機構（ＮＵＭＯ）という団体が中心になって、最終処分場の建設を進めることになっていて、このＮＵＭＯは、引き受けてもいいよと立候補した自治体があったら、そこにお金をあげて研究させ、そこで将来、地層処分のための穴を掘るということを打ち出していたのですが、結果的に立候補してくれる自治体は出てきませんでした。

そこで昨年から、経産省は国が主導権を握って候補地を挙げて、そこでできるだけやってもらいたいという方針を打ち出しています。そしてそれとかかわるようなかたちで、日本地質学会で彼らが考えるところの適地が三カ所挙げられました。

岩手県の北上山地、北海道の根釧台地、そしてこの福島県の阿武隈山地は地層が安定していて、比較的安全ではないかという指摘がなされています。

地層処分計画

このうち北上山地では次のようなことがもう起こっています。国際リニアコライダーという国際的なサイエンスの計画があって、長さ約三〇～五〇㎞のものすごく長いトンネルを山の中に横に掘り、両側から電子だか陽子だかを照射して、真ん中で衝突させて宇宙のビッグバンを再現することによって、いろいろな技術がつくれるという、私には何が何だかわからないのですが、こういう全体で一〇兆円ぐらいかかる計画を主に日本が引き受け、うち三分の二ぐらいを日本政府が出して、それをつくりだすという計画が進行中です。

いまのところ、日本学術会議の反対でペンディングになっているのですが、仮にこれが実行された場合でも、その実験はだいたい二〇年で終了しますから、そのあとどうするかという問題が残ります。

これは地下約一〇〇mのところに三〇㎞ぐらいのトンネルを横に掘るので、そこが空いてしまうではないか。それだったら、これを地層処分に使えるのではないかというアイデアも出てきてしまっています。

それやこれや、いまや原子力村だけでなく、政府や関連の企業の間でも、実は原発をめぐる情勢は私たちが想像している以上に進んでしまっているということを強調しておきたいと思います。

電源爆破計画

少し脇道にそれますが、戦後、日本社会を規定し続けた一九五〇年の幻の電源爆破計画という、おどろおどろしい史実を簡単に紹介します。

一九五〇年、その前の一九四九年――昭和二四年には松川事件、その少し前には東京の三鷹事件や下山事件があって、いずれもGHQの謀略ではないかといまだにいわれている三大謎の事件がありました。

その翌年の一九五〇年の夏に、やはりこの福島県で、猪苗代湖周辺の水力発電の電源地帯といわれていたあのへんで、電源爆破計画の噂が立ち上りました。つまり当時の日本発送電で共産党系の労働者が電源を爆破して、それによる東京の経済の混乱に乗じて、ソ連が侵攻してくるのではないかという噂が、新聞にも報じられ、大騒ぎになったのです。

これはまさに下山、三鷹、松川と同じく、共産党のせいにして何かをしてしまうという謀略の一つだといわれています。はっきりしたことは私にもわかりませんが、そのための傍証を先ほどご紹介させていただいた拙著『「東京電力」研究 排除の系譜』でいくつか集めました。

その事件は結局は起こらなかった。〝幻の松川事件〟などともいわれますが、それで何が起こったかというと、電力労働者の大量のレッドパージでした。以来、当時、史上最強といわれた電力の労働組合は一気に弱体化していったのです。

今日に至る九電力体制、いま沖縄が入って一〇電力ですが、日本全体で一社であった日本発送電という会社を分割し、地域独占にしながら労働組合の弱体化が図られた。その流れが今日に至る労使関係における圧倒的な使用者側の優位な状況とか、下の人間がなかなか上に逆らえない風土につくられていき、戦後民主主義とか何とか言われていた中で、実は電力のレッドパージの影は深く浸透していたのではなかったかと考えています。

いま何が必要か

最後にふれたいのは、要はいま何が必要かということです。私はあくまで脱原発の立場でいるつもりですが、そう言うと経済成長をどうするのかという反論が必ず返ってきます。経済成長がなければ、やはり人間は貧しくなる。貧すれば鈍するではないか。経済成長のためには原発だって必要だろうということを政府自民党や安倍政権の人たちは必ず言うわけです。

多くの人はなるほどそうかなと思わないでもない。しかし私はここで徹底的に言っておきたいのは、経済成長を目的にしてはいけないということです。私は元が経済記者だったせいもあるのかもしれませんが、経済成長そのものの意義を完全否定したいとは思っていません。確かにあまりにも貧しければ、恒産なくして恒心なしという言葉もあるぐらい、人間らしい幸せをつかめないのかもしれない。多くの人が幸せになるために、経済成長は有効な手段の一つではあると思います。

成長とはあくまでも手段

しかしそれを目的にしてしまったが最後、それを阻害するものは排除しなければならないという理屈になってしまう。それが端的に表れたのが、かつての水俣病やイタイイタイ病であり、今回の原発事故であるということだと思います。

その意味で、原発の弁護団をかつて公害問題を追及された弁護団の方々がかなり重複してやられているというのは、はっきり意味があることだと私は思います。経済成長とは何のためにあるのかというのをしっかり位置づける必要がある。

いまは成長至上主義だからこそ、たとえば労働者の人権を守れという当然の主張も顧みられない。人権なんてコストアップ要因ではないか、だったら、そんなものは無視したほうが経済成長に役に立つ。安倍政権はそういう考え方にはっきり貫かれてしまっている。これをどう引っ繰り返すかがこれからの重要な課題になると思います。

そしてそのことができない限り、やはり脱原発という命題は広く一般に伝わっていかない部分が残ってしまう。成長とは手段なんだ、手段でしかないんだということをはっきり打ち出す必要があると私は考えます。

安倍政権の現実を考えた場合、脱原発と言葉で言うのはたやすいけれど、そう簡単な問題ではありません。極めて敵は手強いと私は感じていますが、だからといって、手強い敵に負けたままでは、いまのような状況がいつまでも続いてしまう。ここを引っ繰り返すための論理的な、きちんとした裏付け、そして運動体としての強化、再構築が求められてくるのではないでしょうか。

二　脱原発国民運動の最前線からの報告と問題提起

1　「首都圏反原発連合」の活動から

首都圏反原発連合　**服部至道**

私は首都圏反原発連合というところで活動しています。これは毎週金曜日に首相官邸前や国会議事堂前で抗議行動を主催しているグループです。かなりいかつい名前なのですが、私は実は普段はサラリーマンをしております。三・一一以前は特にそういう運動みたいなことは一切していませんでした。大学生ぐらいのときに環境保護とか、ごみのリサイクルとか、そういったことをやっていて、NPOやNGO出身の運動はしていましたが、こういう社会運動みたいなことは初めてでした。

三・一一があって、私は千葉県北西部のホットスポットに住んでいまして、なぜこんなことになってしまったのかと本当に途方に暮れました。結婚して、これから子どもを産もうというときに、空間線量が〇・二四マイクロシーベルト（μSv）／時ありまして、こんなところで子どもを育てられない。この怒りをどうしたらいいのかということで、デモを主催するようになりました。

もっと突き詰めていくと、福島のことを考えたときに、いまでも故郷に帰れない人がいる。そしてこれから先も帰れないかもしれない。そういう怒りを想像して、痛みを分かち合ったときに、これは何か行動を起こさなければいけないということで、三・一一以降、変わりました。

社会のためになる生き方を

中小企業診断士という資格を取って、NPOのマネジメントとか、そういう社会のためになるような生き方をしていきたいなと思っていた矢先に三・一一という事故があって、私の生き方自体もまったく変わって、まさか福島大学に来て登壇するような生き方になるとは思っていなかったのですが、社会運動に身を投じるようになりました。

また私たちのグループは、毎週金曜日に抗議行動をすることがテレビ等でかなり取り上げられることで、知名度がそうとう上がりました。

服部至道氏

私たちは大規模抗議行動をやるために集まったグループで、いろいろなデモを飽きもせずやってきたわけです。これまでの首相官邸前抗議参加人数について述べますと、二年前の二〇一二年三月二九日、ちょうど大飯原発の再稼働をするかどうかという閣議決定がなされるというとき、目の前で抗議行動をしようと集まったのが初めで、ここで三〇〇人ぐらいだったのが、六月二九日には二〇万人ぐらいになり、テレビ朝日等で報道されました。三月二八日は二二〇〇人、四月四日、この前の金曜日は二〇〇〇人ということで、いまでもそれぐらいの人数が参加して、五月二日には一〇〇回目を迎えたというところです。

【首相官邸前抗議 ～これまでの首相官邸前抗議の参加人数】

2012 年 (1) 3/29（木） 300 人　4/3（火） 悪天候のため中止
(2) 4/ 6（金） 1,000 人 (3) 4/13（金） 1,000 人 (4) 4/20（金） 1,600 人 (5) 4/27（金） 1,200 人
(6) 5/12（土） 700 人　(7) 5/18（金） 1,000 人 (8) 5/25（金） 700 人
(9) 6/ 1（金） 2,700 人 (10) 6/ 8（金） 4,000 人 (11) 6/15（金） 12,000 人 (12) 6/22（金） 45,000 人
(13) 6/29（金） 200,000 人ファミリーエリア設置（3 番出口）
(14) 7/ 6（金） 150,000 人 (15) 7/13（金） 150,000 人 (16) 7/20（金） 90,000 人鳩山氏
(17) 8/ 3（金） 80,000 人 (18) 8/10（金） 90,000 人 (19) 8/17（金） 60,000 人 (20) 8/24（金） 40,000 人
(21) 8/31（金） 40,000 人
(22) 9/ 7（金）　40,000 人 (23) 9/14（金） 40,000 人 (24) 9/21（金） 40,000 人 (25) 9/28（金） 27,000 人
(26) 10/5（金） 35,000 人 (27) 10/12（金） 20,000 人　(28) 10/19（金）　15,000 人　(29) 10/26(金)7,000 人
(30) 11/2（金） 5,000 人　(31) 11/16（金） 5,000 人　(32) 11/23（金） 7,000 人　(33) 11/30（金）　7,000 人
(34) 12/7（金） 5,000 人　(35) 12/14（金） 10,000 人小沢氏　(36) 12/21（金） 8,000 人（笠井・志位・宇都宮） お茶開始 (37)12/28（金） 5,000 人
2013 年 (38) 1/11（金） 13,000 人　(39) 1/18（金） 5,000 人雪かき実施　(40) 1/25（金） 6,000 人
(41) 2/1（金） 4,000 人　(42) 2/8(金)3,000 人　(43) 2/15(金)4,000 人　(44) 2/22(金)4,000 人
(45) 3/1(金)2,500 人強(46)3/15（金） 3,000 人(47)3/22（金） 3,500 人(48)3/29（金） 6,000 人 1 周年官邸前＋ﾌｧﾐﾘｰ
(49)4/5（金） 3,000 人 (50)4/12（金）　3,500 人 (51)4/19（金）　3,000 人 (52)4/26（金）　2,500 人
(53)5/3（金） 3,500 人国会前なし (54)5/10（金） 3,000 人 (55)5/17（金） 3,000 人　(56)5/24（金） 3,000 人
(57)6/7（金） 2,500 人　(58)6/14（金） 2,500 人　(59)6/21（金） 2,000 人　(60)6/28（金） 4,000 人
(61)7/5（金） 3,500 人 (62)7/12（金） 3,500 人　(63)7/19（金） 4,500 人　(64)7/26（金） 5,000 人
(65)8/2（金） 4,000 人 (66)8/9（金） 3,000 人 (67)8/16（金） 3,000 人(68)8/23（金） 2,800 人(69)8/30（金） 3,300 人
(70)9/6（金） 2,900 人 (71)9/13（金） 3,000 人 (72)9/20（金） 2,800 人 (73)9/27（金） 3,100 人
(74)10/4（金） 2,600 人 (75)10/18（金） 2,000 人 (76)10/25（金） 1,100 人（台風のため 18:00-19:30 に時間短縮）
(77)11/1（金） 2,000 人 (78)11/8（金） 2,300 人 (79)11/15（金） 1,800 人反原発国会前談話室開始
(80)11/22（金） 2,200 人 (81)11/29（金） 2,400 人
(82)12/6（金） 1,100 人 (83)12/13（金） 1,300 人 (84)12/20（金） 1,500 人 (85)12/27（金） 1,600 人
2014 年 (86)1/10（金） 1,900 人 (87)1/17（金） 1,900 人　(88)1/24（金） 2,000 人 (89)1/31（金） 3,000 人細川護熙氏・小泉純一郎氏来訪
(90)2/7（金） 2,500 人　2/14（金） 雪のため中止 (91)2/21（金） 2,300 人 (92)2/28（金） 2,000 人
(93)3/14（金） 1,800 人 (94)3/21（金） 1,500 人 (95) 3/28（金） (96)4/4（金）

参加人数の詳細

反原連の経緯

私たちは通称、反原連と呼ばれています。暴走族の名前みたいでいかつい名前なのですが、この結成経緯について説明します。

首都圏反原発連合はネットワーク組織です。私自身は地球のことを考えるアースデーが毎年四月にありまして、そこでデモというか、パレードをしよう。福島のことを考えたり、原発をなくしてエネルギーシフトするためのエネルギーシフトパレードをしようということで、家族連れとか、ファミリーが参加しやすいようなパレードを主催していました。ですからこんないかつい名前のところに入るとは思っていなかったのですが、そういう家族連れでも声をあげられるというパレードを主催している代表だったので、私たちのようなグループでも協力しようと思い反原連に合流しました。

そういういろいろなデモをする若者たちの大きなグループが三・一一以降、何個かありまして、その人たちがもっと力を合わせて連帯しようということになったのが二〇一一年九月頃です。その連絡網として首都圏反原発連合が立ち上がりました。二〇一一年一〇月二二日にアメリカの反核連合の集会、「Ｒａｌｌｙ　ｆｏｒ　Ｎｕｋｅｓ」と連帯してデモを行ったのが首都圏反原発連合の最初です。

一年後の三月一一日には、「再稼働反対！　全国アクション」というベテラン系のグループと一緒にデモをやろう、国会を包囲しようということで、「三・一一東京大行進――追悼と脱原発の誓いを新たに」というデモをやりまして、ここで初めて、いままで数千単位だったのが万単位、一万四〇〇〇人の市民が参加することになりました。

拡散力を生かした抗議

私たちのデモの特徴はとにかく拡散力にあります。いまTwitterが非常に盛んですが、Twitterで人を集めてFacebookやホームページで拡散していくというやり方でやっています。それによってかなりの人が集まってきます。

大規模抗議としては首相官邸前抗議ということで、そこから二〇一二年七月二九日の七・二九国会大包囲で延べ二〇万人ぐらい、一一月一一日も一〇万人ぐらいの参加者がありました。こうした大規模抗議をやるために集まったグループですので、そういった大規模抗議を続けてきました。

ただ首相官邸前抗議によって私たちのスタイルも変わってきました。この首相官邸前抗議はたまたまやることになったのですが、二〇一二年一月一八日、民主党政権のときにあったストレステストというのがきっかけです。

ストレステスト意見聴取会というのが経産省であって、後藤政志さんら脱原発寄りの出席者が排除されるようなことがありました。それに対して、直接、経産省前で抗議の声をあげようと集まったメンバーがいまして、その有志がストレステスト意見聴取会の次はエネルギーに関する規制・制度改革の閣議決定がなされるから、首相官邸前に集まろうということで、三月二九日首相官邸前に集まったのが最初です。初回はだいたい三〇〇人で、トラメガとマイクだけでやっていました。

ちなみに私たちはデモとは呼んでいなくて、首相官邸前は静穏保持法や東京都条例で、デモはできないことになっていますので、抗議行動と呼んでおります。新聞などでは金曜デモといわれていますが、抗議行動と考えています。

警察は参加者!?

あとは警察との協力も実は不可欠で、よく警察のイヌといわれることもありますが、きちんとした協力関係を築いています。それは八時以降にやると静穏保持法の関係があるので、法律的にはかなりグレーゾーンなので、そういうところは紳士協定的に約束を守るとか、やる前には何時から何時までやりますよということをきちんと連絡して、そういう協力関係を築くようにしています。そういう信頼で、ここまで続けてこられたのかなと思っています。

ましてや警察の方もこれだけ、一〇〇回近くその場にいることになりますと、警察の方も脱原発になるのです。ある警察署の課長さんは、私も原発は反対なんですとおっしゃってくれましたし（笑）、一番スピーチを聞いてくれるのは、目の前でその場に居続けなければいけない警察の方々なので、かなり脱原発の方が多いです。皆さんもご存じのとおり、自衛隊の方とか警察の方は、まっさきに福島の被災地に駆けつけた方々なので、現状を知っている方がけっこう多く、警察の方も別に私たちの活動を防ぎたいわけではなくて、本当は手助けしてくれたと認識しています。

団体動員とは異なる

こういった活動は、大衆運動としての首相官邸前抗議ということで、団体による動員ではありません。そういったところが特色です。大飯原発再稼働直前の六月二九日は本当に二〇万人近く集まって、道路が決壊してしまうほど人が集まったのですが、これもTwitterから口コミが広がり、たぶんテレビ朝日の報道ステーションで報道されたのがきっかけで、爆発的に増えたのかなと思います。日本の社会では安保闘争以来の数を動員したということでは、かなり大きな抗議行動だったのかなと思います。

この規模を特に言いたいわけではなくて、全国的な広がりというところがすごいなと思っています。二〇一二年六月近辺では実は一一〇カ所近くで毎週金曜日に数人から数十人が、たとえば九州電力の前で声をあげたり、北海道にも反原発連合があるらしく、各地でやっています。先週も現在四〇カ所、毎週金曜日にやっているらしいのです。ですから規模ではなくて、範囲としてかなり広がっていて、そういう各地の方も、八〇回目とか、そういうレベルになっているそうです。そして毎週、国会前でやっているのは、まるで灯台の灯火のようだと言ってくださるので、私たちもやめるわけにはいかないなと思っているところです。

原発稼働数ゼロ

成果として、いま稼働している原発はゼロです。これは本当に成果だと思います。もしこういう声をあげていなかったら、とっくに再稼働されていたかもしれません。私たちは二〇一二年八月二二日に野田元首相と面会しました。あと小泉元首相が声をあげたり、都知事選では細川元首相や自民党リベラル派に保守層が変わり始めているということを実感しています。昨日も自民党の秋本（真利、衆院議員）さんが原発輸出を可能にする原子力協定の採決で退席されていました。

そのように自民党などの保守政党の中でも変わり始めている。民主党の二〇三〇年原発ゼロ目標もそうですし、エネルギー基本計画がここまで後ずさりしたというか、なかなか決められなかったというのも、世論調査では五六％以上がまだ再稼働反対ということで、なおかつ秘密保護法とか、小平市の住民投票とか、そういうかたちで全国の人々が声をあげている。いろいろな人が声をあげる文化が根づいてきたというのは私たちの成果ではなくて、まさにここにいらっしゃるような皆さんの成果だと思っています。そういう小さな声なき声が大きくなって、ここまで世論を動かしているということが、間違いなく成果なのではないかということです。

そして私たちが最も重視しているのは、決して福島を忘れない、ここだけは絶対にぶれないということと、即原発ゼロ、絶対に原発は認めないということだけは決めています。それ以外に関しては、いろいろな考えの方がいらっしゃるでしょうが、そこだけは決めているということで、反原発の運動としてはかなり急進的にやっているということです。

活動の特徴

活動の工夫としては、ファミリーエリアを設けまして、ご家族連れが参加しても、声をあげやすいようなエリアをいまでもつくっています。

それから直接抗議行動はもちろんのこと、団体旗もやめてくださいという方針でやっています。とかく共産党系だと見られがちなのですが、私たちはまったくの無党派で、特定の政党や政治団体を応援してはいません。同意もしません。シングルイシューでやっています。原発だけということです。集団的自衛権の問題、憲法の問題も、ＴＰＰも、なぜやらないのかと言われますが、首都圏反原発連合という名前をうたっているので、原発のことしかやりません。

マルチイシューにかかわると、マニアックな運動になりがちで、たぶん六〇年代、七〇年代はそうだったのでしょうが、内部分裂で憲法の考え方のちがいとか、たぶんいろいろあると思うんです。

原発の集会に来ているのに、憲法のことを話されると、普通の人からすると、すごく引いてしまうので、そういうことはしないで、原発のことに限ってやっています。たとえば関係する秘密保護法について話してもいいのですが、原発に関することをやってくださいとお願いしています。

海外のデモも、聞くところによると、シングルイシューが主流で、やっている人は同じでも、イシューが別なら、別の主催というかたちでしているそうです。首都圏反原発連合としては、原発についてやるということです。

あと日本のシステムの問題が、この原発問題ですごくあぶり出されていると思うので、実は原発問題は蟻の一穴だと思っていて、シングルイシューでここを叩けば、すべてが叩けると思っていたりもするので、やはりここはシングルイシューで貫こうと思います。

抗議スタイル

抗議と集会ということで、首相官邸前抗議エリアと国会前スピーチエリアの二カ所でやっているのですが、首相官邸前抗議エリアはとにかく安倍晋三さんに文句を言いに行くというスタイルでやっていますので、集会スタイルではありません。国会正門前については集会スタイルで、来た方にちょっと集会に参加していただく。一般の方もスピーチできるようなかたちになっていまして、全国から、この前も愛知県伊方町の方が来られたりというかたちで、スピーチしています。

あと私たちは緊急行動が得意なので、いままでも自民党前とか、東電前とか、規制庁前とか、経団連前とかで抗議をしてきました。数百人単位でTwitterで集めて直接抗議行動をするということで、実は四月一一日の昼、エネルギー基本計画が閣議決定されると聞いていますので、お昼休みの集まりやすい時間に、直接抗議行動として首相官邸前で文句を言おうかなと思っています。

組織は、一応連絡網だったのですが、このように大きくなってくると、かなり仕事量、業務量が増えましたので、一つの団体のような組織になってきました。たとえば印刷枚数五〇万枚とか刷らなければいけないとなると、かなりの業務量なので、組織だった活動が課題になるかなと思います。

また「さようなら原発一〇〇〇万人アクション」とか、「原発をなくす全国連絡会」といったグループがありますが、そことも連帯をして大きなことをやってきました。この前の三月九日もそうですし、二〇一三年六月二日と一〇月一三日に「NO　NUKES　DAY」という名前をつけて三者が一緒にやってきたので、社民党系、共産党系ともいわれていたりするのですが、そうした思想的な立場を越えて一緒にやっていきたいと思っています。

わかりやすさの追求

新しい試みとしては、自主的に参加できる活動が定着してきたかなと思っています。衆院選と参院選のときに、「あなたの選択プロジェクト」というのをやりました。これは何かというと、各党が脱原発か、原発推進かという度合いがわかるチラシを配って、政党ごとなのですが、これをとにかく配って、脱原発の議員を送り込みたいということでやりました。これは四二万枚刷りました。

参院選のときにも、やはり政党ごとに〇×でわかりやすくして、自民党にはどくろマークを付けていますが、特に参院選は政党なので、これを見て、脱原発の政党に入れてくださいという表記にしました。

これをホームページ等でどんどん配布してくださいと告知し、希望者に送るのでポスティングしてくださいというようなことをどんどんやりまして、これも五〇万枚配布できました。

イラスト冊子六〇万部の作成

それとは別に、一般の方にもっと原発の問題でわかりやすくということで、集会やデモに来ているのはかなりお馴染みのベテランさんばかりなので、そうではなくて、一般の方にも分かりやすく理解してもらうために、「NO　NUKES　MAGAZINE」という、これは電気代編なのですが、わかりやすいイラストがある冊子をつくりました。これもVol・1から3までつくって、総計六〇万部つくりました。とにかく一般の人にわかりやすく伝えるということをやっています。

こういうアナログチックなことと、Twitter等で拡散するというようなデジタルな部分を融合させて、さらに広げて、今度の統一地方選とか、総選挙のときには、これを一〇〇万枚とか、一〇〇〇万枚やれるぐらいの力をつけていきたいと思っています。

今度、川内原発再稼働がなされるのではとあるので、こういう再稼働反対のわかりやすいチラシを実はいま特急でつくっていまして、これをどんどん九州地方にまくとか、全国にポスティングしてもらうという活動を開始しています。こういったことが実は民主主義の地殻変動につながっていくのではないかと思うので、こういうところに力を入れていきたいなと思っています。

あと大規模行動にも昇華しています。さようなら原発と原発をなくす全国連絡会と三者で行う機会があったのですが、そのときに「NO　NUKES　WEEK」というものをホームページで掲げました。どういうことかというと、三・一一前後に全国で私たちと同様のことをやる人たちはホームページに登録してくださいと呼びかけたのです。そうしたところ、三・一一の前後一週間ぐらいで全国四七都道府県一四三カ所、海外でも八カ所、アメリカ、ロンドン、パリ、ドイツ、台湾、韓国などが連帯でやりますということで登録していただきました。

こういう全国、海外とのつながりをもっと表面に出していくことによって、範囲や規模を大きく見せていくということが大事かなと思っています。

今後の課題

それから今後に向けた課題ということで、二〇一四年二月の都知事選はちょっと残念な結果になりましたが、政治を変える取り組みをもっとやっていかなければいけないなと思っています。現実的に政治を変えていかないと何も動かないと思っていますので、デモだけではなくて、こういう活動をやるということです。

都知事選のときも、かなりご高齢の方でも「ツイットキャスティング」といって、Twitter でその場でライブ中継される方がかなり増えました。こういうノウハウができると、皆さんがメディアになれると思います。だからそういったことがやれるようなレクチャーとか、リテラシーの向上が今後の課題かなと思います。

五月二日に一〇〇回目を迎える首相官邸前抗議をやりますが、やはり参加される方もご高齢の方が多くて、だんだん人が減っています。スタッフも三年経ってくると、かなり疲れている部分があるので、そういうモチベーションもこれから非常に大事なのかなということで、課題だと思っています。

それから反対というだけではなくて、怒りを三年ずっと持続させると疲れてきますので、笑顔の取り組みというか、未来志向の取り組みということで、電力自由化に向けた発送電分離への投資とか、事業化とか、若者を巻き込んだ音楽イベントをやるとか、そういう笑顔になるようなことをやっていきたいなと思っております。

2 「原発問題住民運動全国連絡センター」の活動から

原発問題住民運動全国連絡センター筆頭代表理事 **伊東達也**

私は福島県のいわき市に住んでおります。原発問題住民運動全国連絡センターの筆頭代表委員をしておりますが、三代目です。最初は新潟県から出ておりました。その次に茨城県から出ておりました。私は二〇〇六年から筆頭代表委員になったのですが、そこでとうとうああいう事故が起こった。責任者がいる福島で事故が起こったということで、私は話をするために、心がむしられるというか、本当はこんな裏話までしたくないなと思いつつ、しかし勇気を持ってお話ししないとだめだと考えました。

全国連絡センターはスリーマイル島の原発事故、チェルノブイリの原発事故を受けて、全国各地の住民運動の経験、情報交換を通じて、住民運動を大きく発展させようと一九八七年一二月に発足をいたしました。以後、機関誌『げんぱつ』を毎月発行し続けております。これは年間三〇〇〇円で一二回、だいたい郵送されます。この収入が東京に小さな事務所を構える唯一の基盤になっております。

そして原発の新規増設・建設の反対、既設原発の事故の未然防止、安全規制確立、防災対策の確立などに取り組んできました。この中で日本における原発立地には六重の危険があるということを理論化したり、安全神話による国策としての原発推進の問題を繰り返し指摘して、毎年、総会終了後に政府機関や電事連などに申し入れをしてきました。こういう歴史の中で、三・一一を経て、「原発をなくす全国連絡会」をつくろうということになり、そこに私どもも加盟しております。

原発への最初の警鐘、重大な警鐘、決定的な警告

住民運動は一九九五年以降に大きな転機を迎えます。それは阪神・淡路大震災が発生しまして、日本の大地震が活動期に入ったということで、この大地震対策に力点の一つを置くようになりました。この兵庫県南部地震は岩盤上の地震動で、日本で最大の地震に耐えうるとされてつくった中部電力浜岡原発の耐震設計値を一部超えてしまったのです。私どもはのちに日本の原発に対する警鐘ということで、「最初の警鐘」という規定をするようになりました。

原子力安全委員会が二〇〇六年に「耐震設計審査指針」を改定したあとの二〇〇七年、新潟沖中越地震が発生しました。ここでも地震動が柏崎刈羽原発の耐震設計値を大きく超えるということで、世界でも初めてと言ってもいいと思いますが、地震によって原発が初めて被災したということで、私どもは日本の原発に対する「重大な警鐘」であると訴えるようになりました。

伊東達也氏

やがて二〇一一年、東北地方太平洋沖地震による地震・津波で東京電力の第一原発がとうとう過酷事故を起こしてしまった。これを私どもは現在、日本の原発に対する「決定的な警告」であるととらえています。この決定的な警告を無視したら、また大事故が発生するに違いないと訴え続けております。

過酷事故は起きない？

こうした歴史の中で、二〇一一年三月一一日から遡ること一九年前になりますか、一九九二年四月に国は過酷事故は起こり得ないという文書をまとめ上げます。これは世界各国がスリーマイルとチェルノブイリのような大事故は起こるということで対策に乗り出すときに、日本はどんどんそこからぶれていって、とうとう日本に限って過酷事故は起こらないということを言います。

原子力安全委員会の決定文書を引用します。「わが国の原子力施設の安全性は現行の安全規制の下に設計・建設・運転の各段階において、一つは異常の発生、二つは異常の拡大防止と事故への発展の防止、及び放射性物質の異常な放出の防止という多重防護の思想に基づき、厳格な安全確保対策を行うことによって十分確保されている。これらの諸対策によって、シビアアクシデント（過酷事故）は工学的には現実的に起こるとは考えられないほど発生の可能性は十分小さいものになる」。

ものすごく慎重な言い方ですが、どう考えても起こらないとしていて、推進側はこの安全神話から戻れないところまで断言をするという事態が起こっていたわけです。

こうした中で二〇〇五年に、当時、神戸大学の地震学の石橋克彦教授は衆議院予算委員会の公聴会で、日本は近代文明が最初に地震でやられる可能性があるということを明言しました。機関誌『げんぱつ』の二〇〇五年三月発行No.１９２に収録されています。ここで石橋教授が何を指摘したかということをお伝えします。

「日本列島に迫り来る大地震活動期は未曾有の国難」をもたらす可能性があり、「日本列島の大地震の起こり方には、活動期と静穏期がある。敗戦後の目覚ましい復興、高度成長、技術革新による利便性を高めた都市の発展など、日本の現在の繁栄はたまたま巡り合わせた静穏期に合致していた。つまり地震に洗礼されることなく、現代日本の国土や社会ができあがった。基本的に地震に脆弱な面がある」ということで、その一つに原発がある、事故を起こせば、原発震災になるだろうと石橋教授は指摘していたのです。

福島の原発は津波でやられる

ちょうどその頃、厳密に言うと、二〇〇四年、私ども原住連（原発問題住民運動全国連絡センター）に福島県で加盟していたのは、「原発の安全性を求める福島県連絡会」で、早川篤雄さんがいまその代表をやっていますが、この連絡会として私どもは、福島の原発は津波でやられるという決定的な問題について、土木学会が発行した論文でだいたいそういうことかなということがわかりましたから、これを東電に持ち込みました。

普通は必ず否定するのですが、驚くことにみんな認めまして、そして一年間かかって交渉を何十回も続けて、全部明らかにいたしました。これは一九六〇年、日本に現在生きている人たちが体験した最高の津波、チリ地震と同じ津波が来たら、福島原発はどうなるかというと、おびただしい海水取水機器が海水を汲み上げられなくなったり、水没するということがわかったわけで、これをみんな認めました。

チリ津波以上の大きなものが来たらどうするのかということについて、東電はそれは心配ご無用、みんな手は打ちました。たとえば六号機は二〇㎝かさ上げしました。第二原発は水が入らないところ

財団法人 福島県原子力広報協会 監修福島県 発行

「アトムふくしま」04.3.28発行 臨時増刊号 より

平成十五年度『原子力を考える日』事業の開催

去る、平成十五年[illegible]月二十五日(土)・二十六日(日)の二日間にわたり『原子力を考える日』事業を開催しました。

二十五日(土)には絵画・書道展表彰式、作文発表、シンポジウム、二十六日(日)には科学に親しんでもらう様々なイベントを行いました。

ここでは、二十五日に行いました作文発表、シンポジウムの概要についてご紹介いたします。

作文発表では『私たちのまちと原子力発電所』というテーマで中学生三名の方に発表していただきました。

自分で学びたい

浪江中３年

今年の夏は、電力不足を心配するニュースが多く流れました。原子力発電所の運転停止による発電量の減少が原因です。それは、原子力発電所というものが、すでに私達の生活から切り離せないものになっていることを意味しています。しかし一方では、原子力発電に対する強い反対意味もあります。そこで私は、原子力発電とはどのような方法で電気を作るのか、またその利点と欠点は何なのか、調べてみようと思いました。

現在日本は、世界で三番目に原子力発電を活用しています。全体の発電量の約三分の一を原子力発電に頼っています。その他にも発電方法は様々です。火力、水力、地熱、太陽光、風力、潮汐力などがありますが、発電量からみて、実質的には火力、水力、原子力の三つで日本の電気は作られているといってよいと思います。

では、原子力発電とはどのような発電方法なのか、見てみましょう。実は、火力発電とほとんど変わらない仕組みであることがわかりました。火力発電は、石油や石炭、天然ガスなどの化石燃料を燃やした熱で高圧の水蒸気を作り、それで発電機のタービンを回すという方法です。原子力の場合、化石燃料を燃やす代わりに核融合の熱を使います。

原子力発電の利点は様々ありますが、大きく分けると資源問題と環境問題の解決に役立つと言うことだと思います。

資源問題とは、主に石油の問題です。世界中で現在の調子で石油を使い続けると、あと五十年もしないうちに石油資源はなくなってしまうと言われています。これは発電だけの問題ではなく、自動車や化学製品の問題でもあります。自動車については現在、電気自動車などの開発が進められていますが、その電気を火力発電で作るのであれば、根本的な解決にはなりません。とにかく、火力発電以外のエネルギー開発が求められているのです。その点で原子力発電はごく少量の核燃料で莫大なエネルギーを生み出すことができ、その燃料をさらにリサイクルする研究が進んでいるので、資源問題の解決になります。

次に環境問題です。火力発電の場合、化石燃料を燃やしたときに出る二酸化炭素が問題になります。現在、世界には環境問題が山積みになっていますが、地球温暖化はその中で非常に大きなテーマです。京都会議でも大きく取り上げられました。原子力発電の過程では、二酸化炭素が排出されないので、地球温暖化防止に大きく貢献することができます。

水力発電も二酸化炭素を排出しませんが、ダムを建設する過程で、自然環境を大きく破壊してしまいます。山や川の生態系への悪影響は非常に大きくなります。もちろん、原子力発電の施設も小さくはありませんが、ダムに比べて建設地の条件が厳しくないので、なるべく自然環境を破壊しない方向で考えることができます。

このように比較してくると、原子力発電は他の発電方法と比較して利点が多くあることがわかります。また、火力発電に代わる新エネルギーとして活用できることもわかります。ではなぜ、これほどに反対されるのでしょう。？ 最大の理由は、事故の心配です。十七年前におきたチェルノブイリ原発事故の被害は、今なお続いています。もちろん、当時と現在とでは制御技術も安全対策も、比べものにならないぐらい進んでいます。それでも、放射性物質などの核廃棄物処理の問題があります。結局、どの方法にも問題があるのです。

私達は今、無計画な二十世紀の百年間のツケを払う時期に来ているのではないでしょうか。今が快適だからといって、このまま無計画に化石燃料を使い続けるのは間違っています。五十年後に残るのは、空っぽの暑い地球と膨大な二酸化炭素だけです。また、原発が怖いからといって、今より三割以上節電することも、実際には不可能です。

今回調べた結果、私達が今後も今も生活を続けていくには、原子力発電が不可欠であることがわかりました。原子力発電は、現在開発されている方法の中で、最もクリーンな、百年後も使えるエネルギーだからです。

私達は感情的な押し付け合いをやめて、真剣に五十年後の世界について話し合う必要があるのではないでしょうか。そして私達中学生にも、原発問題に関わらず、世界の仕組みをもっと具体的に教えてほしいと思います。私達は確かに子供です。でも、子供でもわかるように説明する義務が大人にはあると思います。なぜなら、五十年後の豊かな地球に、あるいは枯渇した地球に生きるのは私達なのです。どちらの地球であれ、私は自分の意志で選び取りたいと思います。

私たちのまちと原子力発電所

富岡第二中２年

『原子力発電』と聞いて思い浮かぶのは、『危険』という言葉でした。原子力について、全く知識がなかったころのことです。

しかし先日、中学校で『安全教室』として原子力発電についてお話していただき、それは私の誤解だったということに気付きま

福島県立地町の中学生の作文

にポンプが入っておりますという答弁に終始しました。そこでそれらを見せてくれと言ったら、テロ対策上、見せるわけにはいかないと言い出し、われわれの決定的な問題提起はこれで遮断されたのです。

この前、第二原発に入りましたが、その水密性のある部屋は扉がみんなぶち抜かれていました。なぜ見せなかったのかは、いまもってわかりませんが、そんな申し入れも行ったのです。

それから当時、こういうことを言っていたときに、福島県の立地町の中学生がどんな作文を書いて表彰されたかということからも恐るべき学校教育が行われていたのがわかります。（資料参照）

資料　5

'10. 11. 22

電気事業連合会会長　清水正孝　殿
原子力委員会委員長　近藤駿介　殿
原子力安全委員会委員長　斑目春樹　殿
原子力安全・保安院長　寺坂信昭　殿

申し入れ書

原発問題住民運動全国連絡センター
筆頭代表委員・伊東達也
東京都千代田区三崎町 2-11-13 MMビルⅡ 402
電話 03-5215-0577　FAX 03-5215-0578

私たちは「原発の危険に反対する」住民運動団体です。

米TMI原発事故（1979 年）についての大統領特別調査委員会の事故報告書は「原発は十分安全だという考えが、いつの間にか信念として根をおろしてしまった。これが今回の事故を防止しえたはずの多くの措置がとられなかった原因である。この態度を改め、原子力は本来危険をはらんでいる、と口に出していう態度に変えなければならない、と本委員会は確信する」とその教訓を強調しています。この点では、「原発の危険に反対する」という立場は、本来、国と電力会社のみなさんとも共有しうるものと考えます。

日本列島における大地震は、阪神淡路大震災をもたらした兵庫県南部地震（1995 年）以来、本格的な活動期に入ったとされます。日本の原発など近代構造物はこれから本格的な大地震に見舞われることになります。「未曾有の国難」と「原発震災」が警告されています。私たちは、日本の原発等が大地震に見舞われた際の備えが十分であるのかどうか、大きな不安を抱いています。

国と電力会社は、原発等の「耐震安全性評価（バックチェック）」に取り組んでいます。耐震設計の基礎となる基準地震動について大幅に引き上げましたが、主要な構造物・機器類は「安全裕度」があるとして、「耐震安全」宣言をしています。つまり、原子炉本体や主要構造物などは従来のまま使うという宣言です。これで、はたして迫り来る大地震への備えが万全と言えるでのでしょうか。

国際原子力機関（IAEA）が米・旧ソ連の苛酷事故（シビアアクシデント）の教訓をまとめた「原子力発電所の基本安全原則」の勧告（1988 年）に対して、日本は当初の議論段階から反対してきました。その結果、「アクシデントマネジメント」（①苛酷事故への拡大防止策、②苛酷事故に至った際の影響緩和策）は、国の公的規制の対象とはなっていません。電力会社の「自主的活動」とされています。また、「緊急時対策」（①短期間の射能放出段階、②中・長期の放射能の地上付着段階の内部・外部被曝対策）は、日本の原子力防災対策ではまったく無視されています。国と電力会社は 1990 年代以降、「日本では苛酷事故は起こりえない」とする新たな「安全神話」宣伝を行い、この国際的な提起については、国民には知らされませんでした。

日本の原発が世界の原発と比べて安全性が高いなどということはありません。実際は逆で、日本の原発は、①技術上―軽水炉の危険、老朽原発の二重の危険に加えて、②経済上―原発システムのリスクをコストに計上しない危険、③地質上―世界有数の地震国立地の危険、④地理上―人口過密地域に近接・集中立地の危険、⑤行政上―国際基準に則った規制機関不在での立地の危険、⑥営業上―電力会社の営利優先の運転の危険など、六重七重の危険を内在しています。活動期に入った大地震に本格的に見舞われた際、これらの危険が一気に顕在化する恐れがあります。「原発震災」が警告される所以です。

私たちは、国と電力会社が、こうした日本の原発が歴史的に背負う根本的欠陥を直視し、「原子力は本来危険をはらんでいる、と口に出していう態度」に改め、万全な耐震対策と緊急時計画について緊急に確立することを要求します。

こうした重大な欠陥を放置したままに、既設原発について、「プルサーマル」導入を強行したり、定

- 1 -

3・11の４ヶ月前の申し入れ書

四ヶ月前の質問

さて、二〇〇七年に中越沖地震が発生したことを受け、二〇一〇年一一月二二日には、三・一一の四カ月前ですが、電事連に出向いて次のような申し入れをしています。「活動期に入った大地震について、迫り来る大地震に対する日本の原発等への国民の不安について、皆さんは

共有されますか」、それから「日本で過酷事故を未然防止することが最大かつ喫緊の課題と考えていますが、この認識を共有されますか」と聞いています。いま考えてみると、非常にへりくだったというか、私どもの切迫感はそういう気持ちだったんです。

何としても日本で過酷事故が起こらないと信じて疑わない人に、何を言ったら共有できるのかと考えた結果です。事故を起こせば、あなたたちも困るんだというのがこの当時の私たちの心境です。それで危機だけでも共有できないですかと言ったら、ものの見事に「できません」という返答だった。だって日本は起こらないような対策を立てているのだから、あなたたちが何と言おうが、そんなもの共有なんかできません、安全ですと言っていて、その四カ月後に三・一一が起こったのです。

早川さんは楢葉町に住んでおりましたが、障害者を連れて私の家に三月一二日の夕方、文字どおり転がり込んでくるわけです。ドアを開けた瞬間、私の顔を見たとたんに言ったことは、「伊東さん、とうとうやっちゃった」という言葉でした。私もあとから考えると、早川さんに会ったら、「とうとうやっちゃった」と私も同じことを言ったなと思ったんですが、二人でまったく同じような感じを持っていた。しかし、当時はこんなにひどい事故になるとは、私自身は考えがおよびませんでした。甘かったなと痛烈に思います。

危険性と惨状を語り継ぐ

最後になりますが、私どもは長い間の経験から二つの点、原発と核燃料サイクルのリアルな危険性を絶対に語り継いでいこうということ、もう一つは原発をやめさせる、再稼働させないために福島の惨状を語るということを強調したいと思います。

この点で商工会議所、農協、漁協、林業組合、首長、行政職員、教育、医療、文化、ありとあらゆる人に福島に来てもらいたいです。福島を見れば、原発を増やせなどとは人前では言えないなと自信と確信を持っています。私は原発を再稼働したほうがいいという首長さんでも、人前で胸を張って言えなくなるだけの惨状がわかります。皆さん、何としても全国から福島に来てください。そして首長さんからも話を聞いてください。商工会議所の会長にだって聞いてもらえばいい。苦渋に満ちたさまざまな問題提起を必ずしてくれるはずです。

その受け皿として、いわきだけでも少なくとも一〇〇団体はとっくに超していると思いますが、みんなで手分けして、連日この惨状をちょっとでも見ていただきたい、訴えていきたいということで、取り組んでおります。

3　「南相馬市長」としての活動から

南相馬市長　**桜井勝延**

あまりカッコ良いことを言うつもりはまったくありません。でも参加した首長は私だけですし、それだけ首長は周りからも見られる立場ということもあり、話せばそれだけ影響力も大きいのかもしれません。ただ私の場合は、守るべきものがないので、勝手なことを言う場合が多く、そのことによってさまざまな波紋が起きるかもしれませんが、それはそれとして騒ぎを大きくする人もそれぞれ意見・目的を持ってやっているのでしょうから、私に特にそういった意図がないことを断っておきます。

桜井勝延氏

原発事故がもたらしたもの

分科会に参加して再認したのですが、原発事故がもたらしたものは悪いものだけではないと私は常に思っています。本当に自分たちがどう生きるべきかということをそれぞれが考えさせられて、それにまったく答えを出せない人たちも多くいますが、自分たちが本当にどういうふうに生きていくべきなのかということを考える瞬間を与えられたので、そこは本当に善ではないかと私は思っています。首長として、そんな馬鹿げたことを勝手に吐いていいてどうするのかと言われる方が多いと思いますが、首長だからこそ言わなければいけないと思っています。

反原発と選挙

私は幸いにして、自民党陣営で支持してもらった人は概ねいないのではないかと思うぐらい、私に対峙してきた人たちがいましたので、あえて原発に頼らないまちづくりをするんだ、国と東電と闘うんだということをずっと言ってきました。でも私の訴えだけで、票が入ったわけではないんです。相

特集
象徴としての南相馬市長選を巡って「原発的なるもの」への怒りの表明

ジャーナリスト　本田雅和

二〇一四年一月一九日、全国ニュースとしては、沖縄に米軍基地を押しつける国の政策に「ノー」を突きつけた名護市長選ばかりが注目されたが、同じ日に日本の国政にとって非常に重要なもう一つの地方選挙があった。東京電力福島第一原発事故の被災地、福島県南相馬市の市長選だ。原発と事故の被害を一方的に押しつけられてきた被災地の住民が、原発問題を中心としたエネルギー政策と復興のあり方＝地域社会と国のあり方、を問うた選挙だった。

福島県では復興どころか、除染をはじめとした復旧作業自体が遅々として進まないことへの不満から、県内首長選としては福島、郡山、いわきなどの各主要都市で、昨年から現職落選が相次ぎ、現職への逆風には凄まじいものがあった。

それだけではない。県内首長の中でも「脱原発のまちづくり」を最も鮮明に掲げ、全国的には「脱原発をめざす首長会議」の世話人を務める桜井勝延市長（58）は、原発再稼働や輸出を進める自民党政権やその陣営にとっては「どうしても息の根を止めたい」（対立候補の陣営幹部）あるいは「目の上のたんこぶ」であり、「打倒の対象」であった。

選挙前から自民党勢力は「桜井市長は国や東電を批判するだけのクレーマー」。国には相手にされていないから除染も進まない」「復旧・復興には安倍政権との協力が必須」「国とのパイプを持たない桜井市長が再選されれば企業誘致もできない。大企業は逃げていくし、南相馬に未来はない」「何でも反対の市長と違い、自民党直結市長なら高性能の火力発電所建設も約束される」など、ネガティブ・キャンペーンや露骨な利益誘導を繰り広げてきた。

結果はどうだったか。告示前に自民党勢力が人脈的確執などから元市長派と前市議会議長派の二つに「仲間割れ」して候補者一本化に失敗、保守分裂選挙となったとはいえ、桜井氏は挟撃してきた自民党系二候補の票の合計を上回る一万七千票稲の圧勝だった。

この桜井氏圧勝の要因については「争点は脱原発政策というよりも、復興途上で現職を変えることへのリスクを住民が冷静に判断し、回避した結果」などという「訳知り顔」の分析もある。しかし、選挙期間中、「国や東電と闘い続ける」という、損得勘定抜きの激しい闘争宣言を吐き続け、強調し続けてきた候補が、「復興のためには安倍や協調こそ必要」と訴えた対立候補を完全に押さえつけた現実にきちんと向き合うならば、いかに甘い分析であるかが分かるだろう。

原発を勝敗したような「目先の利益」は投票させず、いかに酷いものかを、3・11後の塗炭の苦しみの中で学んだ多くの有権者が見抜き、「賢明な判断」以上に、原発や「原発的なるもの」への「拒否」と「怒り」を表明したのが、この選挙だったと解すべきだろう。

「原発的なるもの」――それは桜井市長が看破している通り、「人の命や生活をカネで換算する力」であり、誘致でも事故後の賠償でも「ほおを札束で引っぱたいて地域住民を分断し、差別し、搾取して

『法と民主主義』（日本民主法律家協会）2014/2・3　No.486 より

『法と民主主義』No.486 より

手の候補が悪すぎたのです。

なぜかというと、私は五八歳になったばかり、もう一方、私の次に一万票取ったのは前の市長であり、私より一回り上の七〇歳ですよ。体力的に勝負にならないんです（笑）。選挙カーに乗ってやっている人と、一日平均三二km走る人では、有権者からしたら、「商品」としての価値が違いすぎです。ですから単に脱原発のためだけで票が入ったのではないだろうと分析しています。

自治体としてやるべきこと

ところで、原発事故が起きてから、情報がない中で自分たちが判断してきたことは、法に書かれていないことばかりです。災害基本法という法律に書かれていないことを平然とやってきたわけです。自治体間で取り決めをして、自治体に避難をさせるとか、南相馬市と新潟県が電話で口頭でお世話になるという約束の下で避難をさせるとか、こんなことは書いていないんです。でもやってしまった。やらざるを得なかった。

市がやるべき役割は基本的には住民の命と財産を守るということだと思いますが、命が危うくなる瞬間をみんな感じたんです。そのときどういう行動をとるかというと、自分たちが行動をとるんです。われわれがこうしろと言う前に、爆発したというニュースはたぶん市民のほうが先に知っていて、そ

れで真っ先にみんな避難し始めました。ただその前に二一mの津波が南相馬市を襲っていて、二五〇〇人もの方々が行方不明の中で捜査にあたっている人が大半で、避難所を運営しているのも市役所職員が大半という中で、あの原発事故が起きたということです。

極限の状況で

自分が大事、自分の家族が大事ですから、さっさと避難するのは当たり前です。でも二〇km制限を引いて、三〇km制限を引いていく中で、ものが入らなくなってしまうわけです。警察が三〇kmのところにバリケードを張っていたわけで、外から入れない。でもそこは屋内待避の状況で強制的な避難指示区域ではなかったので、外から入れないといっても、入る気になれば入れましたから、民主党政権と唯一連絡が取れて、当時、増子経産副大臣のほうからガソリンを届けると言われて、期待をしたわけです。

しかしローリー三四台は郡山で止まり、運転手はそこから逃げて帰ったので、郡山まで取りに来い、南相馬に入るのは四台しかないと言われ、あのときは雪でしたし、ローリーは普通タイヤでしたから、そういう中で職員と危険物取扱いの資格を持つ人も含めて取りに行かせなければいけないというような状況で、一晩かかって、夜中二時半にガソリンをスタンドに入れ、次の日から無料で配布をしました。それも市職員がやったんです。なぜか。ガソリンスタンドの人たちの多くはもう避難していなかったからです。そういう状況を職員たちはくぐり抜けてきて、いまも疲労しきっています。

労働力不足

いま二万五九〇〇人ほどが避難していて、双葉町、飯舘村は六〇〇〇人ぐらいの町村で、南相馬市民がいま七三〇〇人近く転出していると思いますが、その大半は四〇代以下です。転出した九〇%は四〇代以下、市外に避難している一万四五〇〇人ぐらいの八〇%以上が五〇代以下です。それでどういうことが起こっているかというと、復興に向けての労働力不足です。

南相馬市は双葉郡八町村のすべてのし尿処理をやっています。双葉郡がいろいろな意味で目立っていて、いわきで問題になっていますが、南相馬市は双葉郡の方々から困ったときにオファーされて断ったことがありません。したがって双葉郡の復興を支えているのも南相馬市です。

飯舘村の生活ごみを消却しているのは南相馬市のクリーンセンターです。南相馬市はこういうことをやりつつ、二万五九〇〇人避難している中で復興にあたらなければいけなくて、二〇km圏内に一万四〇〇〇人の住民がいて、強制避難させられているわけです。

生活をどうするべきか考える

そういう中で彼らをどういうふうに建て直すのか。そこに原発推進という言葉がありなのかと言えば、誰だって原発なんか要らないと言うのは当たり前です。その一方で完全に自分の生活を元に戻してよという人たちもいます。元に戻せるわけがないので、今回の選挙の中で、完全なる賠償を求めていきますよということを申し上げましたが、完全なる賠償など、どこまで賠償すればいいのかということはわかりませんし、その立場はそれぞれ違います。

生活保護世帯の中には、見方によってはべらぼうな金が入っている人もいます。一人あたり一カ月一〇万です。この生活保護費用を切って怒られるのは南相馬市です。

そのときに私は、いま原発の被害者、被災者はお金を貰えば幸せになるのかということや、企業が原発を稼働し続け、そして原発を輸出し続けることが経済的な豊かさ、最終的な日本の豊かさ、ないし自分たちの豊かさを保証することになるのかという答えをまだ出してはいないのだろうと思います。いま問われているのは自分たちがどう生きるべきなのかということです。

南相馬市を含めた太平洋沿岸（浜通り）に、赤羽副大臣の下でイノベーション・コースト構想という一つのプロジェクトが進んでいますが、南相馬市の中にディザスターシティ（米国テキサス州にある災害訓練施設）を目指すロボット産業の先端基地をつくる。また楢葉では中間貯蔵施設をつくるということでモックアップセンターを誘致してしまいました。楢葉のモックアップセンターというのはずっとあとです。南相馬市はこれだけ被害を受けたから、廃炉を目指すことについては、国がわれわれのところで技術開発すべきなのではないかと、こちらで提言していました。そういう技術部隊もわれわれのところには産業としてあります。

正直言って、楢葉町にモックアップセンターを持ってきたところで、残念ながら働く人はいません。だからたぶん東京、いわきから来るでしょう。南相馬市はまったく別なかたちで再生しなければいけません。

原発がなければ産業は再生します。そう思いませんか。

生きる意味を

いまソーラー、風力も含めて、さまざまなエネルギー産業にシフトしようとしていますし、モデル的にソーラーだけで動かしている植物工場をつくっていますが、ここはヨークベニマルの大高社長に全部買い取りをしてもらっています。

いまは、人はどのように暮らせばいいかということが求められている絶好の機会です。この国が本当に経済成長だけで幸せになれるのかということの答えを出さなければいけない時期で、南相馬市はたぶんそういうことのモデルになる可能性がある場所に変わってきました。すべての人があらゆることにチャレンジをするような場所なんだということです。

一方で不幸なことに、若い人たちと高齢者では、いまの時間と言いながら時間の長さが違う。仮設にいる人は一刻も早く自分の生活を取り戻さないと、仮設で死んでしまいますが、二〇代、三〇代、四〇代の人は、別なところで生活再建できるんです。これは大きな差です。同じ家族でいながら、四〇代の自分と嫁と子どもたちは別なところへ行っても生活できますが、八〇代を超える人たちについては、ほかへ行けば痴呆症になったり、体力が続かなくなって、関連死で死んでいく人たちもいます。

関連死は一六〇〇人を超えていて、四四七人が南相馬市で関連死として認定されています。六三六人が津波で亡くなったという話ですが、福島県内で一番、災害関連死が多いのは南相馬市で、二番目が浪江町です。でも人口規模からすると、パーセンテージでは浪江のほうが多いです。それはなぜかというと、浪江はあれだけ転々とせざるを得なかったので、それだけ多くの方々にとって負担になっていったのだろうと思います。

今後どうするか

最後に、いろいろな自治体でいま避難計画がつくられていないという話がされていました。まったくそのとおりです。南相馬市でも、ようやくつくったという話ですが、県と南相馬市はまったく考え方が違います。

県は県内でとどめようと思っています。県同士で災害基本法に基づいて調整するということになっていますが、私は新潟県の泉田さんとか、山形県の吉村さんとか、長野県の阿部さんとか、知事と直接お話をして、また首長同士で直接話をして、ここに避難させてくれということを書かせてくれと言っています。

われわれは実体験に基づいて考えています。県内では対応できるはずはないし、複合的になるので、住民を安全に避難させることなんてできません。ルートを確保しなければいけない。ガソリン等を含めた輸送手段を確保しなければなりませんので、そんなことは保証できません。したがって県は南相馬市がやっているんでしょうと言っているのですが、南相馬市は南相馬市としての方策をとるのは当たり前、でも隣の市町村とも連絡体制をとらないと、スクリーニングをどこでやるのか、そういうことをしっかり決めた上でないと避難させられないのです。

南相馬市民は福島に行って、風呂に入るなとか、いろいろなことを言われました。神奈川で傷つけられたとか、そんなことはしょっちゅうでした。原発事故が起きれば、差別の塊ですよ。そういうところで人権などは守られません。子どもたちが泣いて学校から帰ってきて、お母さんはどうしようもないと言って、われわれのところに電話をしていて、どうするんですかという話ですが、そんなことが日常茶飯事でした。

本来ルールは国がつくってくれるとありがたいのでしょうが、自治体でできることはやってしまうしかないと思います。いまの現実の一部をご紹介いたしました。やはり原発は要らないですね。

4　「福島県内のすべての原発の廃炉を求める会」の活動から

福島県内のすべての原発の廃炉を求める会　**佐藤三男**

佐藤三男氏

私はもともと小学校の教員で、三八年間勤めて、退職して一〇年経ちました。楽隠居をしようと思っていたら、原発事故が起きてしまって、こういう壇上に立つような羽目になってしまいました。まずこういうことを怒りを持って告発したいと思います。

二〇一一年三月一一日に大震災、大津波、原発事故が発生して以来、福島県内では大変な状況の中で、避難者や県民に対しては救済活動、ボランティア相談、学習会などの活動を、やられっぱなしではないぞということでやってきました。県や国に対しては、早急な復興対策をとることの要求をしてきました。東京電力に対しては避難者・県民に対する賠償、元に戻せということと同時に、廃炉の要求を連綿として続けてきました。

そういう中で、国と東電の被災者を顧みないような対応に対して、さまざまな団体が行動を起こしていました。たとえば私どもが所属している福島県復興共同センター、その地方組織である浜通り復興共同センターでの活動、それから原発事故完全賠償をさせる会などが活動していました。

いろいろ要求して、東電や国を相手に賠償を求めてきましたが、なかなか解決しない。そういう中で訴訟に踏み切る動きも出てきました。いろいろな運動があったのですが、その中で原発廃炉のみの運動を集約する組織が県内にはありませんでした。そこで主体的に運動をしていく、県民・世論を集めていく、そして運動を組織していくオール福島の運動体が必要なのではないかということが福島大学の先生方や県内の弁護士の先生方、良識のある人たちの間で囁かれて、一一月一五日に県内の有志が集まりました。

オール福島の運動体を

そして、最初から集まる範囲を狭めてしまうのではなくて、幅広い運動をつくりだすためにどうするかということから話し合いを始めました。それからもう一つは何を目的にするのかということです。福島の原発をなくせ。この一点で集まろう。ほかの原発はどうでもいいということではないのですが、とにかく福島の原発を廃炉にする、なくすということが福島県民にとって一番大切なのではないか。これだけの犠牲を出し、壊れている福島原発、その危険性、それから賠償が進んだとしても、原発が残ってしまったのでは、福島の復興再生はあり得ない。こういう論議がされてきました。現在も被害は進行中である、被害は続いているという意見も出されました。

運動の方法としては、そのための署名や裁判、交渉など、ありとあらゆる手段を視野に入れて活動していこう。そして県民の合意をつくっていこうということを確認いたしました。また中心になる呼びかけ人を募っていくということ、そして二月九日に郡山で結成準備会を開くということを決めました。

その後、県内の全原発廃炉化への集いを二〇一三年二月九日に郡山市で行いました。当初は一〇〇人ぐらいしか集まらないのではないかなと心配していましたが、会場いっぱいの三〇〇人が集まりました。

主な内容は福大の元学長さんの山田舜先生が開会挨拶をし、安斉育郎先生に講演をいただき、広田次男弁護士が提案を行い、準備会アピールを採択し、郡山市民の会の代表の名木昭さんが閉会挨拶を行いました。

準備会アピールは次のような内容です。県内には第一原発六基、第二原発に四基、合計一〇基あり、この時点ではまだ第一原発の五・六号機は廃炉にするという決定がされていませんでしたから、まず冒頭に、第一原発の五・六号機、第二原発の四基、合計六基を廃炉にするということを目的に掲げました。

結成の趣旨の基本は次のようになっています。まず一番目に福島県内すべての原発の廃炉を求める。二番目に思想・信条そして、政党政派、宗教の相違にこだわることなく、県内原発の廃炉の点で一致できる幅広い団結を目指す。三番目に運動の方法として、署名、集会、裁判など、原発廃炉に有効な手段をさまざまに展開するということで、正直な話、この段階ではまだ確たる方向は決まっていませんでしたが、とにかく集まってきた皆さんと話し合いをしながら、福島原発廃炉という点で活動していこうということを確認いたしました。

こういう中で会は恒常的な個人参加の会にしていこうということで、月一回、会議を開いてきました。ただ忙しい方が多いという特徴もありまして、毎月集まるのですが、話し合いが元に戻ったり、最初から経過を説明したりということで、かなりロスの多い話し合いとなったりしたという、そういう経過もありながら運動が進んできました。これが幅広い人たちが集まった運動のかたちなのかなと思ったりもしました。

そうして、県民集会を開催してくれという申し入れをすることに決めました。福島県知事、佐藤雄平氏に二〇一三年一二月一五日申請しました。この頃になると、九名の呼びかけ人が確定しました。たとえば飯野光世さんはいわきで一番大きい飯野八幡宮の宮司さんです。あとは芥川賞作家の玄侑宗久さん、元福島県知事の佐藤栄佐久さん、名木昭さん、それから福島大学の元学長の山田舜さん、吉原泰助さん、遠藤宮子さん、小渕真理さんです。福島県は会津地方、中通り地方、浜通り地方に分かれていますが、県内各地から呼びかけ人が出ていただいたというかたちになりました。そしてこの呼びかけの趣旨、お願いの趣旨として、広島や沖縄のような大きな会場で原発廃炉と哀悼を表明する集会にしてほしいということで、申し入れを行っております。

一二月二五日に拒否、お断りの回答がありました。いままでそういうかたちで追悼の会はやってきましたというようなことが付け加えられて、拒否回答が来ました。

そういう流れを受けながら、やはり正式に会を結成していく必要があるということで、結成総会を二〇一三年一二月一五日に行いました。そのときにさらに県民集会を開くことについての陳情を重ねて行っています。このときは朝日新聞に新聞広告を出したこともあってか、三〇〇人の会場に四五〇人も集まってしまいました。

そこではやはり福島の復興のためには、どうしても全一〇基の原発の廃炉が前提であるから、早く全原発の廃炉を決定させよう。そのための運動を進めましょうということを結成のアピールとして採択いたしました。

今後の課題

最後に今後の課題ですが、まず私たちの決意としては、福島原発が廃炉にできなかったら、全国の原発も廃炉にできないだろうと考えています。この壊れてしまった原発をこのまま生かしてしまったらだめだろう。そういう点では福島県民は非常に重い責任を負っているのではないかと考えています。

東電はもうご承知のことだから、あまり触れませんが、原発は安定した冷温停止状態にある。原発廃炉は未定である。廃炉は県民の皆様のご意向と国の政策次第ということを何度も表明しています。

福島県民の意向は、県議会、県知事、県内五九市町村がすべて廃炉決議をしている、もしくはそういう表明をしています。それから世論調査を見ても、いつの時点でもだいたい八〇％の県民が廃炉を表明していますから、これが県民の皆様のご意向です。ですからこれは動かないと思います。ただ悲しいことに、安倍さんが首相になって、いまのような政策を推進している。これを崩していくには本当に大きな世論をつくっていかないといけないと決意を新たにしています。

三　質問に答えて

①全員への質問：福島県の体質としてリスクコミュニケーションに偏っているように思われるが、その理由をどう考えるか。特に被曝の比率が過小評価されている。福島県立医大の体質はどこから来るものか。

司会（広田）のコメント：私自身も福島県人。リスクコミュニケーションに偏っているのではないか、福島県立医大の甲状腺検出と言うところに非常に象徴されているのではないか。事故前の見方として、原発と共存を目指す福島というイメージがなかったか。

②服部さんにズバリ質問：数多くのチラシを印刷するなどの話があったが、反原発連合の資金源、資金的な手当てについて、どのように工夫しているのか。

③司会（広田）から地元の人への質問：外から見ていると原発との共存を目指す福島というイメージがとても強く、今回の事故でも、これまで共存してきたのだから仕方がないかなというような意識もあった。今現在、そうした原発推進だった人々と、そうでない人々の間には何か問題はないのか。

(1)服部至道――反原発連合の活動資金について

②の質問の答えは簡単で、純粋なカンパです。一回の大規模抗議行動で多いときで二〇〇万円ぐらいカンパが集まることもあります。この前の三月九日に三者でやったときには二百数十万ぐらいのカンパが集まりました。やはり参加人数が三万人になると、それぐらいになるのです。ただしこうした

抗議行動自体の運営もそれなりにお金がかかります。

あとは毎回振り込んでいただく方がいらっしゃるのと、毎週金曜日のカンパもけっこう多いのです。この活動を応援してくれる方が多くて、少なくとも一〇〇〇円ずつとかカンパを入れてくださる方がいて、それで少しプールできたお金を使って、今度は「あなたの選択」プロジェクトとか、通常の大行動とは違うものをつくって、かなりいいデザインだと思いますが、これも何万枚もやっています。こういった印刷に使います。

そしてさっき言った拡散の五〇万枚とかいうときは、もう赤字覚悟でやっていて、実際に赤字になっています。赤字になっても、とにかくまかないといけないということに対して、お金を運用していっています。

これからはやはりそれだけではいけないと思っていて、もうちょっと資金源を増やしていかなければいけないと思っていますし、スタッフもほとんどボランティアです。デザインするのも、本当であればお金を取られます。イラストレーターの方にやってもらっているので、大変だと思いますが、ボランティアですので、少し外注的に出して、せいぜいやった時間の工数分ぐらいは出すというかたちにいまは変えてきて、少し組織だってやるようにしています。

今後は、クラウドファンディングとか、いろいろな手法がありますが、一つのプロジェクトに対してお金を集めるような仕組みでやりたいなと思っていて、事務局体制になるべく力を入れて、私もそういうのがそもそもの職業だったので、そういうのに力を入れるようにしています。

(2)伊東達也――福島県のリスクコミュニケーションについて

まず被曝比率の過少評価の問題ですが、原発の問題に長くかかわってきている人たちが、何かある度に何度も言ってきた言葉は、「隠すな、嘘つくな、過少評価するな」ということです。推進する側が国民にはいつもちゃんとしたことを知らせないということがあると思います。

私は福島県が特別とはあまり考えていませんが、どうなんでしょうか。子どもたちの甲状腺がんについては、私自身はチェルノブイリのようなことになる、あれ以上だということにはかなり否定的です。しかしリスクは負ってしまった。

今後、一番問題になるのは、それをめぐって専門家の原因論争で大いに究明してもらいたいですが、私は加わる気はほとんどありません。福島の子どもが病気になったら、真っ当にそれにちゃんと立ち向かう施策をすべきだということで、私は住民の分断を何としても食い止めたいなという思いでいっぱいです。あまり個人の見解は言いたくありませんが、いろいろ難しい問題があります。

それから福島県が共存してきたということは、いまで言えば共存できないということが圧倒的多数の意見になっていると思います。

また福島の人は何を考えているのかという趣旨かと思いますが、私自身も広い意味では被害者でありまして、私自身もかなり人生を狂わされました。ただ私が県民の皆さんから一番聞くのは、金を貰っていいね、金を貰っているんでしょうと言われること、これだけは全員が怒り心頭です。金なんか要らない。元の暮らしに戻してもらえばいいんだ。なぜそれをわかってくれないだろうかということは、ものすごく聞きます。じいちゃん、ばあちゃんだって、ものすごく怒っています。ひどいことを言ってくれるなという感じです。それが言いたい。

それからもう一つは、東電と政府に対してはかなりの人が沸々とした怒りを持っています。それは加害者の立場をどこまで自覚しているのかという問題と裏表だなというのが極めて強いです。パッとは出てきませんが、やはりよく話し合ってみると、怒りが出てきます。ひどい目に遭わせておいて、いったい何をしているんだという捉え方をしていて、私はそれは本当だなと思っています。

東電も国も、裁判をしてみると、答弁書で不法行為の責任はないと東電は明記しています。悪いことはやっていない。それなのに訴えられている。裁判長、こんな裁判はやめてくれということです。悪いのは津波なんですよ。こういうことが依然としてはっきりしているということだけ申し上げます。

(3)桜井勝延――南相馬市民の健康を守る取り組みについて

福島県の体質について、私が弁護するとか、評論する立場にはまったくありません。南相馬市としては、すでに平成二三年七月から内部被曝量の検査をしています。福島県で最初に始めた自治体です。県より早く始まったと思っていますが、その精度を高めてキャンベラ社製の機器を九月から入れています。

当時は間違いなく内部被曝がありましたが、いまはほぼありません。一部、年配の人でありますが、一％程度です。それは自分の食いたいものを食っているからで、山菜も食い、キノコも食い、当たり前のことで、チェルノブイリと同じように、食材で内部被曝をしているという状況ですが、子どもたちからは九九・九九％出てきません。それぐらいお母さんたちは食物に対する管理をしています。

南相馬市としては、一八歳までは定期検診を年に二回義務付けてやっていますので、今後も続けますが、今年度の措置で〇歳児からの内部被曝検査もやります。すべての町でやります。そういうことでやっているので、県の体質というよりは、それぞれの自治体で管理をすべきだと思っています。

福島県全体のことについて私がコメントすると、いろいろ影響があるでしょうから、われわれは自治体として、命を預かる者として、やるべきことはやっていきたいと思っています。

福島県は原発と共存してきたということですが、共存してきた地域や人もあれば、そうではない人もいます。南相馬市の中でも、浪江・小高は原発推進という決議の中で進めてきましたが、旧原町市はそれに対して反対の決議をしてきたということで、その自治体が合併しているわけです。

その中で私はご承知のような立場をとっていたということでして、いま現在いろいろな立場があって、働いている人も、やむを得ず働いている人もあれば、積極的に事業として廃炉を目指している人もいれば、もう絶対にだめだという人もいるわけです。

お金の問題について言えば、南相馬市の中でも補償される地域と、されない地域と、まだまだ補償を切るなという地域と、いろいろあります。でもやはり被害は被害なので、私は最低限、措置すべきものは措置すべきであるという立場で動いていますが、あの震災直後から被害の実態がさまざまに違っていたことも事実なので、一律に二〇㎞、三〇㎞で線引きすることに対しての問題はあります。

ただ現実的に家族と一緒に暮らせている部分と、強制的に家族がバラバラにされて避難している部分を考えれば、被害の実態には差があるというのは事実なので、そこも踏まえたエリアと裁判との問題になってくるのではないかと思っています。

正直に言って、福島県の首長の中で私はあまり素直に言い過ぎるので（笑）、変わり者の一人だと思います。皆さん、心豊かですから、あまり口に出さないという人が多いのだろうと思いますが、それが選挙で、いわきの市長だったり、郡山の市長だったり、福島の市長であったり、二本松の新野さんも本当に一所懸命に頑張ったのですが、東電の怒りを抱えてしまっているのだと思います。また議会の中で、さまざまなトラブルがあります。私も昔は議員だったのですが、議会の皆さんにあえて言いたいのは、どこと闘うのかということです。首長と闘うのか、東電と闘うのか、国と闘うのか、どっちと闘うのですか。内部でもめて喜ぶのは誰なんだということを言いたいです。本当にわれわれが変えるべきものは何なんだということを一致させていかないと住民のためにはならないですよ。

私も問責を何回も出されています。事故後でも問責を出されたりしていて、変わった自治体であることは間違いないですが、それでも誰のために闘うのかという目的をしっかり持ってやらないと、本当の敵を見失います。

(4) 佐藤三男――原発公害被害者の分断について

原発を推進する人と、そうではない人がいるというのは現実であると思います。それから質問された方は、こういう立場ではないと思いますが、いままでの公害の運動を見ると、分断が起こってきているということがあります。お金の問題、地域の問題、歴史的な経過の問題、そういうことに振り回されてしまうということは大変恐ろしいことなのではないか。

それからもう一つ、先ほども話しましたように、現在でも大変な思いをしている県民がいるし、私もその一人です。福島県民一人ひとりに人生があったし、これからも人生がある。私は東京に孫が二人いますが、いわきに遊びにおいでとはなかなか言えない。いわき産のものを、安全だとわかっていながら、簡単に送ってやることができない。こういう状況で、それぞれみんな悩みを持っていると思います。

言いたいことは、そういういろいろな思いがありながら、何でまとまっていくのかというと、桜井さんも言われましたが、国と東電を相手にして大きなまとまりをつくって反撃していくしかないのではないか。そして小さいところについては目をつぶって、大同団結して反撃していくしかないのではないかと、私は思っています。

四　闘いとその展望に関して——会場の発言から

(1)國分富夫（福島原発避難者訴訟原告）

私は南相馬市出身です。南相馬市と言いましても、旧小高町出身です。一九六八年に東北電力が浪江・小高原発の建設計画を発表し、私たちは双葉原発反対同盟の指導を頂きながら、小高原発反対同盟を組織し活動を始めました。小高町議会はろくな議論もされず諸手を上げて誘致決議をしました。小高町は平和な人情味のある町でした。しかし、原発建設問題が出てきたことにより一変してしまいました。

小高としては初めての試みで、一〇〇人程度でデモ行進を行い原発反対を訴えました。原発反対する者は変人扱いのようなものでした。福島原発が未曾有の事故を起こし、一時は二〇万人以上の方々が全国に逃げ回り原発の恐ろしいことがはじめて分かることになりました。もう二度と足の踏み入れられない地域もできてしまった。これでやっと原発賛成者も目が覚めたわけです。しかし福島県から遠く離れた方々はどうなんでしょうか？　もう福島原発は終わったと思われているのではないでしょうか。また電力から多額の金額を各自治体、漁協など一部が受けてきたことも事実ですが、多くの庶民は何の恩典もありません。

反原発の運動をする時に事実は事実として、何故この様な多額の金を使ってまで原発を推進してきたのかを明らかにすべきと思います。

個々の活動を通して福島原発事故を訴え広げていくことが必要ではないでしょうか。この三年間あらゆることをやって強く感じたところです。どうか皆さんそういう運動に参加して、今を生きる私たちが後世を守る。日本を守ることをやっていただきたいことを要望として言っておきたいと思います。

(2)舩津康幸（さよなら原発！　福岡）

福岡から来ました。ちょっと紹介だけしておきたいと思って、いま「原発止めよう！　九電本店前ひろば」ということで、九州電力本店の前にテントを張って、毎日座り込みをしている人がいます。今年の一月一三日に一〇〇〇日を迎えて、今日メールが来ていましたが、一〇八二日目になります。土日はやっていないのですが、九電本店前、ビルの入口のガラス戸に、このテントが映っています。毎日、目の前で続けられています。

これをやったきっかけが、二〇一一年の三月一一日以後、三月三一日までに九州電力に三・一一を受けて公開説明会をやれと要求して、回答がなかったということで、その日から座り込みをするということを決めて、四月二〇日からやっています。こんなに続けるつもりはなかったという話だったのですが、いまだに続いています。

このテントは原発ゼロを目指すというだけではなくて、賛成派の人も訪ねてきて意見交換をしていきます。あとはじめのころ、福島から逃げてきてどこにも行くところがないという人たちが、ここに来れば何とかなるのではないかということで訪ねてこられて、この人が仲介をして、いろいろな支援団体をご紹介したり、何かあれば、九電前に行けば何とかなるのではないかという、そういう場にもなっていて、いまも時々、ほぼ毎日、誰かが訪ねてくるという状況です。

そういうことで川内が狙われて、九州電力がそれを持っているわけですが、その目の前でこういうことをやっている場がある、九州も頑張っていますよということを知っておいていただきたいなと思います。

それからこの三月九日に、先ほど反原連の方がおっしゃったのですが、九州のこの方が提案して、ものすごくおもしろいデモをやりました。いままでは警察官に囲まれて、車道を歩くデモだったのですが、それをやめて、そのときはいろいろな用事が重なって一〇〇〇人ぐらいしか集まらなかったのですが、福岡市内だけでやると、そのぐらいしか集まらないのですが、商店街の中を全部歩いて、「さよなら原発！」という呼びかけチラシをパネルにして持って、みんな家から出てきてくださいということで、これはものすごく目立つ取り組みとなって、いろいろな注目を集めました。

いろいろなやり方をして、とにかく人が少なかろうと、多かろうと、やろうということで続いています。

(3)ミシェル・プリウール（通訳：大阪大学・大久保規子）

チェルノブイリのあと、チェルノブイリは非合理的な設備であり、共産党政権がやったことであるから、ほかでは二度と起こらないだろうと言う人もフランスにはいました。

しかしながら福島の事故が起こったので、これはある意味、原子力業界にとっては革命的な出来事

ミシェル・プリウール氏

になりました。それは全世界でも、先進国であり、民主主義国家であり、そして高い技術を持つ国であっても、原発事故が起こりうるということを知ったからです。

　それではこの原発を止める責任はどこにあるのでしょうか。福島原発事故のあと、科学者や政治家においても原発反対という動きが起こりました。フランス政府も福島原発事故の前は原発の事故は起こり得ないと言っていたわけですが、いまや原発の事故は起こりうると言っています。

　確かにこういう原発の事故を予防するためのさまざまな方法はあるわけですが、それでも事故は起こりうる。だからこそヨーロッパでは原発反対の声が高まり、すべての原発を止めようという動きが起こっています。

　しかしながらフランスでは不幸なことに、電力の七五％が原子力で賄われています。したがってすべての原発を一日で止めるということは不可能であり、段階的に減らしていくということが必要になってきます。

　二〇一二年のフランス大統領選で新しい大統領が誕生したわけですが、新しい大統領は段階的なやり方として、まず最も古い原発の稼働を停止させました。それから第二段階目として、いままで七五％を原発に依存していたわけですが、この依存率を五〇％まで下げることにしました。

　それからフランス以外のほかの国々も、脱原発をするか、あるいは原子力を削減するという動きを始めています。皆さんもご存じのように、たとえばドイツは脱原発を決めたわけですし、スイス、イタリア、ベルギー、スペインといった国々も同様のことを決めました。

私のいままでの経験から言いますと、脱原発を進めるためにはデモのような民主的な行動と訴訟のような法的手段、その両方の手法がありますが、自分の経験を踏まえて、私が関与した三つの原発を止めるための手立て、動きについてお話ししたいと思います。

それは一九七〇〜八〇年代、フランスとドイツにかかわるものですが、まず一個目としてはドイツにおける事件です。ドイツのヴィール原発、これはフランス国境沿いにあるものですが、この建設に対して大変大きなデモが起こって、訴訟が起こされ、それによりまして、建設が中止されました。

それからもう一つはフランスのブルターニュにあるプロゴフ原発ですが、これに対しては緑の党が大きな反対活動を繰り広げて、大統領はこれを建設しないということを決めました。

それから三つ目の例といたしましては、新世代型のスーパーフェニックスというものが一九八〇年代にいったんつくられて三年ぐらい稼働したのですが、これに対して大変激しい市民運動が繰り広げられ、警察との衝突もありましたし、裁判も起こされて、この施設は閉鎖されることになりました。

被曝線量の問題に対する質問がさっき出たと思いますが、それに関してコメントをしたいと思います。国際的には年間一mSvというのが一般的な市民のレベルということになります。しかし多くの医者は一mSvより高いレベルの低線量被曝になるのではないかといわれています。

私は医者ではなくて法律家で、医学的にはさまざまな対立があるわけですが、これにかかわる多くの医者は原子力産業と近い位置にいます。もともとは原子力に何らかのかたちで近い関係にあるところの研究しかなかったわけですが、この三年ぐらいはもっと独立的な機関による低線量被曝に関する研究結果が出され始めています。国連や原子力機関によるものではない独立的な機関による研究成果が出始めているということです。

たとえば従来の研究にはWHOの研究があるわけですが、これを私たちは信じることはできない。どうしてかというと、WHOは国際原子力機関（IAEA）との協定に基づいてデータを取り扱っているわけで、これは独立的とは言えないので、その研究成果をそのまま鵜呑みにすることはできないからです。

最近ではNGOが毎週ジュネーブにあるWHOの本部の前で、WHOが独立的ではないということでデモを繰り返しています。その組織の名前は「独立的WHO」という名前で、「Independent WHO」で検索していただければ、そのインフォメーションが出てきます。私がコメントしたかったことは以上です。

ミシェル・プリウール　一九四〇年生まれ。フランス、リモージュ大学名誉教授。環境仲裁・和解国際裁判所委員、国際自然保護連合副委員長、国際比較環境法センター所長などを歴任。フランスにおける環境法の第一人者。国連・環境会議への提言、EU内での環境関係の委員会活動に活躍。本年2月にジュネーブで国際シンポジウム「原発事故と医学および法学」を準備された。

第II部

脱原発訴訟の意義と展望を考える

一　基調報告――「脱原発訴訟の意義と闘いの現状・展望」

脱原発弁護団全国連絡会共同代表　**河合弘之**

私は約二〇年前から脱原発訴訟等をやっておりまして、三・一一が起きたときは浜岡原発の差止訴訟の弁護団長をしていました。それから、大間原発の差止訴訟もしていました。三・一一のときにはすでに全国で起きていた差止訴訟がほとんど全部敗訴して、まったくの沈滞状態にありました。皆さんもご存じのことですが、原発安全神話が全国民のほとんどに浸透していて、裁判官にも浸透していたために、私たちがいくら原発の危険性を主張しても、「オオカミ少年が何を言っているんだ。安全に決まっている。大げさだよ」という感じで、私たちの言うことはことごとく退けられていたというのが現状でした。

もう一回裁判をやり直そう

ただ、三・一一が起きて、国民の目からウロコが落ちた。安全・安心というのはうそだということが皆わかった。裁判官も国民の一部ですから、それはわかったと思います。その勝機をもう一回とらえなければいけないということで、私は日本の弁護士でいままで脱原発に多少ともかかわってきた全弁護士に、「おーいみんな、集まってくれ。もう一回裁判をやり直そう」ということを呼びかけました。その結果、いまでは濃淡の差はあれ脱原発の裁判にかかわっている弁護士は三〇〇人、差止以外の、損害賠償も入れるともっと多くなると思います。いまはそういう状況です。

「脱原発弁護団全国連絡会」という名前でつくったんですが、いまどういうことをやっているかというと、年に四回の全体会議があって、情報交換はいつもやっています。いままで各弁護団は自分の闘いに精一杯で、連帯したり、情報交換している暇はなかった。前に向かって、敵に向かって、蛸壺にこもってただひたすら機関銃を撃っているぐらいの闘いしかできていなかったんですが、それではだめだ、皆で連帯しようということで、連帯したわけです。

連帯の強み

河合弘之氏（弁護士）

いまその連帯は非常にうまくいっておりまして、情報の共有、お互いの相互扶助みたいなかたちで、特に原発訴訟の経験の浅い弁護団に従来やっていた弁護団が知識を注入する。端的に言うと、どこで訴訟を起こそうと、主張する、立証することは七割ぐらい共通なんですね。原発の危険性や被害の重大性。使い回しができるわけです。われわれは使い回しができるようにインターネットを使ってうまくやっています。ですから、あまり経験のない若い弁護士さんも訴訟を実際に起こして、大変な成果を上げつつあるのが現状です。私たち、ともに闘うものとして、弁護士としての連帯感なども大変強まっています。

今回のシンポジウムの主な立役者である小野寺先生や広田先生も、従来原発とはまったく関係なかったんですが（笑）、いきなり僕のところへ来て、「河合さん。俺たちがやらなかったのはまずかった。反省する。勉強させろ」と言ってダーッと入ってきて、一緒にダーッと始まって、広田先生や小野寺先生は「あやまれ、つぐなえ」のほうを主に担当している。損害賠償請求のほうを非常にエネルギッシュに展開しています。僕らは「なくせ原発」ということで特化して頑張っているという状況です。

原発差止訴訟のいま

では原発訴訟はいまどうなっているか。いま僕らの呼びかけに従って、日本全国で差止訴訟が起きています。起きていないのは東通と女川だけです。女川は弁護団がありますが、差止ではなく住民運動でうまくやろうと。特に避難計画の不備、事故が起きたときに逃げられないというところを行政上、政治上、徹底的に突いて、それでやめさせるという運動をとりあえず展開しよう。それでだめだったら裁判も辞さずということで、非常に独自の運動を構築しています。

どういうことをやっているかというと、県の避難計画。原発のある県は避難計画をつくらされていますよね。それがいかに不備があるかということを、公開質問状を通じてどんどん突っ込んでいく。そういう状況です。いずれ県のほうもギブアップして、やっぱり本当はできないということになると、それみろということで、政治的にも、訴訟的にも有効活用しようという運動をしています。

脱原発原告団全国連絡会結成に向けて

全国の原発訴訟の状況（係属中・一部結審）

	【基本項目】										【訴訟団】
	都道府県	差止対象	電力会社	機	提訴日	裁判所	請求	被告	原告団	弁護団	訴訟の名称（会・母体）
原発等差止訴訟	北海道	泊	北海道電力	1，3号機	2011/11/11	札幌地裁	1・3号機差止	北電	1,233	67	泊原発の廃炉をめざす会
	青森県	大間	電源開発	（MOX燃料）建設中	2010/7/28	函館地裁	建設運転差止 慰謝料請求	国・電源開発	378	20	大間原発訴訟の会
					2014/4/3	東京地裁	設置許可無効確認 義務づけ、運転差止	国・電源開発	1	10	函館市総務部総務課原発担当
		東通（東電）	東京電力	1号機建設中（中断）、2号機計画中							
		東通（東北電）	東北電力	1号機停止中、2号機計画中							
		六ヶ所再処理工場	日本原燃	高レベル廃棄物	1993/9/17	青森地裁	高レベル廃棄物貯蔵センター事業許可取消	経産大臣	111		核燃サイクル阻止1万人訴訟原告団
				再処理工場	1993/12/3	青森地裁	再処理工場事業指定取消	経産大臣	158	17	
				MOX燃料	準備中		MOX燃料加工工場許可取消				
	宮城県	女川	東北電力	1～3号機	準備中	仙台地裁					小野寺信一弁護士事務所
	福島県	福島第一	東京電力	1～6号機	1～4号機2012.4.20法的廃止。5・6号機2013.12.18廃炉決定						
		福島第二		1～4号機							
	茨城県	東海第2	日本原電	第2	2012/7/31	水戸地裁	許可無効確認 差止・義務付	国・日本原電	266	71	東海第2原発差止訴訟団
	静岡県	浜岡（1・2号機廃炉決定）	中部電力	1・4号機	2002/4/25	東京高裁	3・4号機差止（控訴審）	中部電力	26	7	浜岡原発とめよう裁判の会・とめます本訴の会
				3・5号機	2011/7/1	静岡地裁本庁	3・5号機差止 1・5号廃炉措置	中部電力	34	277	浜岡原発運転終了・廃止等請求訴訟団
				1～6号機	2011/5/27	静岡地裁浜松支部	1～6号機運転差止・行訴追加	国・中部電力	559	19	浜岡原発永久停止裁判訴訟団
	新潟県	柏崎刈羽	東京電力	1～7号機	2012/4/23	新潟地裁	1～7号機運転差止	東京電力	190	117	東電・柏崎刈羽原発差止め市民の会
	石川県	志賀	北陸電力	1・2号機	2012/6/26	金沢地裁	1/2号機運転差止	北陸電力	125	32	志賀原発を廃炉に！訴訟原告団
	福井県	敦賀	日本原電	1・2号機	2011/11/8	大津地裁	仮処分命令申立	日本原電	51	12	福井原発訴訟（滋賀）（支える会）
		美浜・大飯・高浜	関西電力	美浜・大飯・高浜	2011/8/2	大津地裁	美浜1・3大飯1・3・4高浜1・4運転禁止	関西電力	168	8	
					2013/12/24	大津地裁	大飯・美浜・高浜全機再稼働禁止・差止	関西電力	57	19	
		大飯	関西電力	1～4号機	2012/11/29	京都地裁	運転差止・慰謝料	国・関西電力	1,107	48	京都脱原発弁護団・原告団
				3・4号機	2012/3/12	大阪地裁→大阪高裁抗告審 2014/5/9 申立要却	3・4号機差止仮処分	関西電力	262	6	おおい原発止めよう裁判の会（美浜の会：美浜・大飯・高浜原発に反対する大阪の会）
				3・4号機	2012/6/12	大阪地裁	3・4号機義務付	国	134	6	
				3・4号機	2012/11/30	福井地裁 住民勝訴 関電控訴	3・4号機差止	関西電力	189	76	福井から原発を止める裁判の会
	島根県	島根	中国電力	1・2号機	1999/4/8	広島高裁松江支部	1・2号機差止（控訴審）	国・中国電力	91	5	島根原発差止住民訴訟
				3号機	2013/4/24	松江地裁	3号機差止・義務付	国・中国電力	428	97	島根原発3号機の運転をやめさせる訴訟の会
	山口県	上関	中国電力	1・2号機計画中	2008/12/2	山口地裁	埋立免許取消・無効確認	山口県	121	7	上関原発自然の権利訴訟（長島の自然を守る会、上関原発を建てさせない祝島島民の会）
	愛媛県	伊方	四国電力	1～3号機	2011/12/8	松山地裁	1～3号機差止	四国電力	1,002	151	伊方原発をとめる会
	佐賀県	玄界	九州電力	1～4号機	2012/1/31	佐賀地裁	1～4号機差止	国・九州電力	8,070	156	原発なくそう！九州玄海訴訟
				3号機MOX	2010/8/9	佐賀地裁	3号機MOX差止	九州電力	130	4	玄界原発プルサーマルと全機をみんなで止める裁判の会
				2・3号機	2011/7/7	佐賀地裁	2・3号機差止仮処分	九州電力	90	4	
				1～4号機	2011/12/27	佐賀地裁	1～4号機差止	九州電力	178	4	
				3号機	2013/11/13	佐賀地裁	3・4号機義務付	国	384		
	鹿児島県	川内	九州電力	1・2号機	2012/5/30	鹿児島地裁	1・2号機差止	九州電力	1,680	78	原発なくそう！九州川内訴訟
ほか	東電株主代表訴訟		東電取締役		2012/3/5	東京地裁	損害賠償請求	東電取締役	60	22	東電株主代表訴訟
	原発メーカー訴訟		原発メーカー		2014/3/10	東京地裁	損害賠償請求	日立・東芝・GE	4,128	78	原発メーカー訴訟の会・NNAA
被害者訴訟	被害者訴訟		東電・国	全国各地で避難者による原告団が結成され、弁護団が支援して裁判が提訴されている。「原発と人権ネットワーク」に参加されている訴訟団だけでも19を数える（北海道、山形、福島3、新潟、群馬、茨城、東京、首都圏、埼玉、千葉、神奈川、愛知、関西、京都、兵庫、岡山、広島）。				東電・国	多数	多数	原発と人権ネットワーク
	福島原発告訴		東電・国	2012年6月と11月、東電役員及び政府関係者33名と東電（株）を業務上過失致死傷等で福島地検に計14,716人が告訴・告発。東京地検は不起訴処分。					14,716		福島原発告訴団
				2013年11月、東京検察審査会に5,737人で申し立て。					5,737		
				2013年12月、6,042人で福島県警に汚染水放出を公害罪で告発。					6,042		
								（差止訴訟のみ）	17,223	1,318	

※全国各地でおこされている被害者訴訟のみなさんにもぜひお声かけください！

すべての原告ひとりひとりが横に手をつなぎ、被害者完全補償、すべての原発廃炉に向けた闘いを形成しましょう！

2014年6月初旬での原発訴訟の状況

東通はまだ起きていませんが、ここはあまりにもへんぴなところで、住民がいないので原告がいないという状況です。これは何とかして、女川で訴訟が起きたときには何とか一緒に起こしてしまおうということを考えている。それ以外は全部起きています。全部闘っています。

訴訟の経過

では、その全国の差止訴訟はどうなっているかというと、去年七月までは新規制基準待ちでした。それが出ないとわからないよね、それが出ないと何も主張できませんと電力側が言い、裁判所も判断の基準がわからないとだめだからそれまで待ちましょうということだった。新規制基準が出てどういうことになっているかというと、電力会社は再稼働申請を出しました、その再稼働申請の中身が新規制基準に合っているかどうかを審査しましょうと言いますが、計画に従って実際にどういう工事をするかを見ましょうということになって、まだズルズル来ています。

結局どういうことになっているかというと、再稼働申請が出たところは、実際に審査の状況を横にらみしながら裁判を進めましょうということになっています。そこがわからないと裁判所は判断できないと言っているわけです。それはどういうことになるかというと、再稼働申請の審査は一応公開でされています。しかし、日本の行政にありがちで、公開しているところでは儀式をやって、実質の中身は非公開のヒアリングでやるということをやっていますので、実際的に、その原発で何が本当に問題なのかは非常にわかりにくい状況にある。そういう状況の中で裁判が停滞しているという非常に深刻な問題があります。

もう一つは、新規制基準が正しくて、それをクリアすれば安全だということを前提にした論議になってしまうという問題点があります。裁判官もどうもそういう頭がある。僕らも新規制基準が出るまではなかなかわからなかったし、出たあとも、とにかく膨大ですからどこが弱点なのかなかなかわからなかったんですが、いまはだいぶわかってきた。

新規制基準について

新規制基準。皆さん、従来は「安全基準」と言っていたのを憶えていらっしゃいますよね。ところが、規制庁はもう安全基準という言葉を使わなくなった。安全基準という言葉を使ってパスさせて、事故が起きたら、「規制庁は何をやっているんだ。お前、安全と言ったじゃないか」と言われるものだから、「規制基準」という言葉にした。規制基準というのは、自分たちがつくった最低の規制にパスしただけで、それで安全だとお墨付きを与えたわけではありませんという言葉遣いになっています。

新規制基準の内容

それにしてもどういう内容になっているか。非常に問題が多い内容です。まず、新規制基準は何のためにつくったかというと、福島原発事故を克服するためにつくったわけです。福島原発みたいなことが起きても大丈夫なようにしなければ危なくて仕方がないから動かせない。では、そうなっているか。

福島原発事故の最大の原因は何か。同時多発故障に対応できなかったことです。津波や地震で横断的に、ここのパイプが壊れる、ここの電気が消える、ここのスイッチが壊れる、計器が壊れる。何百カ所も、事故が起きたときでも大丈夫ではないとだめだよというのが、福島原発の最大の反省点です。

まず指摘したいのは、初め規制庁はそういうのを乗り越えると宣言してつくり始めたのだけど、実際にはまったくの竜頭蛇尾、羊頭狗肉で、共通原因故障にほとんど対応できていないです。一応、いくつかの共通原因が起きた場合の想定はしているが、全部横断的にやられたときを想定していない。なぜしなかったか。それは、そういうことをすると結局原発はつくれないということがわかったからだと思います。そこでトーンダウンして、共通原因故障にほとんど対応できないものができあがってきた。

二番目に、皆さんにあまり知られていないことですが、立地審査指針というのが実はなくなっている。いままで立地審査指針はすばらしいものがあって、過酷事故が起きても放射能が住民の住んでいるところに飛ばないような、へんぴなところにつくることとなっていた。ところが、実際に福島原発を見たらそうでないことがわかってしまったから、そっと立地審査指針をつくらないで済ませてしまった。僕らは、それは汚いじゃないか、変じゃないかということをいま追及しています。

三番目に、新しい規制基準は地震に対して反省したと言いながら、地震のSSの設定、すなわち、耐震設計の基準になる想定地震動、基準地震動のつくり方について、非常に大甘、めちゃくちゃ甘いものをつくっている。いままでの基準地震動をほとんど変えないで済むような規則にしてしまっている。他方、津波についてはかなり厳しい基準を設けている。ダブルスタンダードです。どうしてかというと、福島原発の原因は津波だけということにしているからです。地震は関係ないから、地震は従来どおりでいいと言います。そういう意味で、地震の基準地震動の設定が非常に甘いのと、手法が同じだということで、非常に欠陥がある。

四番目に避難計画。放射能がうんと放出された場合でも住民が安全に避難できるようにすることを一応決めたわけです。一定の基準をつくったんですが、再稼働を認めるかどうか、それは関係ないとしています。それは地方自治体がやってくれればいい。大枠の「ちゃんと安全に逃がすこと」みたいな規定はつくってあるが、実際にそれをやるのは県であり市町村です。そして、再稼働をゴーさせるかどうかは、避難計画がきちんと立って実行可能であるということは条件ではありませんと、尻抜けにさせてしまっているわけです。

規制基準の欠陥

そういう重大な欠陥がある。そういうことをわれわれはこれから裁判所でどんどん主張していかないと、規制基準は一応正しい、申請が出た、それをパスした、じゃあ仕方がないですねと、安倍政権とまったく同じようなことになってしまいます。安倍政権は規制基準でパスして安全が確認されたら再稼働させると言っていますが、このまま放っておくと、まさに裁判所がその論理に乗っていくという状況にあります。

よく世界最高水準の規制基準を設けたと言っていますが、外国の人や機関で今度の新基準が世界最高水準だと評価したところはまったくありません。世界中でだれもそんなことを言っていない。言っているのは日本政府と規制庁だけです。自画自賛で、言葉だけが一人歩きしている状況です。

いま差止訴訟はそういうかたちで非常に問題が多いですが、それにしてもとにかく日本中の弁護士が何とか自分のところの原発だけは止めようとそれぞれ頑張っているという状況だということで、まず女川での訴訟について述べました。

東電株主代表訴訟

二番目に、東電の株主代表訴訟というのがあります。これは責任追及訴訟です。株主代表訴訟というきわめて資本主義的な制度を使いつつ、真の責任者である東京電力の、さらに真の責任者である役員の責任追及をして、責任の所在を明らかにしようということです。

この効果としては、いい加減なことをやって事故を起こすと自分の財産も全部取られてしまう、自分の老後もメチャクチャになってしまうという恐怖感を与えることです。きちんとまじめに個人の問題として、自分の判断として原発を進めるか、進めないかを深刻に考えさせるには、個人に対する責任追及しかない。刑事罰の他は、民事上の責任追及として財産的な圧力によって反省させるしかないというのが目的で、いまそれを東京地裁で私と海渡雄一弁護士などが一生懸命展開しております。

総額五兆五〇四五億で、普通は五兆の訴訟を起こすと印紙代が五〇億円かかりますが、株主代表訴訟ですとこれが一万三〇〇〇円で済むというい仕掛けを使ってやって（笑）、たぶんこれはギネスブックものだと思います。というか、ギネスブックに間違いないですが、われわれがそれを申請していないだけの話です。

そういう訴訟をいまやっている。これは、ほかの原発、電力会社の役員に対するプレッシャーも狙っています。いい加減なことをやってうちで事故を起こしたら、俺たちの財産は危ないよなということを思わせるということです。いまその訴訟は、客観的予見可能性、そのあとの主観的結果回避義務というような論争で逐次進みつつありますが、この考え方の枠組自体に若干問題があると私どもは考えております。

福島原発事故の刑事責任――不起訴の理由

三番目に言及しなければいけないのは福島原発の告訴団の問題です。あれだけの事故を起こしてだれも刑事責任を取らないというのは非常に理不尽だと、福島の人たち、日本中の脱原発の人たちが考えて告訴をしました。しましたが、検察は去年それを不起訴としました。

不起訴にした理由は、あのような惨事を招いたのは一〇mを大幅に上回る津波が来たからだと。それが予見できたかどうかが問題で、一部にそういう学説や研究結果はあったが、学説の大勢、学会の大勢、いわば業界世論としては、そんな大きいものは来ないと皆思っていた。だから、それを予測しろ、予見しろというのは無理、かわいそうだ。だから、予見可能性がなかった。予見可能性がないのだから、結果回避義務なんか論じるまでもなく、予見可能性がないというところで全部終わりということです。従来の刑法理論の過失には、具体的予見可能性が必要であり、それがなかった場合にはどんな重大な事故が起きようとその人を罰するのはかわいそうだという、変に人権保護的な考え方が非常に強い。それをそのまま安易に適用して不起訴にした。

それについてわれわれは、そんなことはないでしょう、東電内部の予想でさえ、計算で研究員がちゃんと結果を上げて、一三mの津波が来るかもしれないという研究結果をちゃんとマイアミで発表して、それを上に上げていたのだから、知らないはずがなかったではないかということを言っていました。しかし、そういう研究結果が上がっていたかもしれないけど、それは仮説に過ぎない、仮定の論理にすぎない、そうでないという反対説もあったなどいろいろなことを言って不起訴にした。それについては、いま東京の検察審査会に不服申し立てをして審議をしてもらっている最中です。

（注）東京検察審査会は、二〇一四年七月二三日被疑者勝俣恒久ら三名について不起訴処分は不当であり、起訴相当とする議決を行った。（参照：http://www.cnic.jp/5971）

公害罪法

四番目ですが、われわれはその東京地検の不起訴処分に屈することなく、次は汚染水問題を告訴しようということで、東京地検や福島地検にやってもどうせグルなのはわかったから、福島県警に対して行いました。福島県警ならより地域に密着しているのだから被害者の痛みがよくわかるだろうということでお願いしました。

汚染水問題というのは、きちんとした対策を早く取れば、いまみたいにこじれたり、収拾がつかなくなったりしないんですね。事故直後に四基の原発の四方を囲む遮水壁をとにかく大金をかけてもダーッと築いてしまえば、地下水は入ってこなかった。実際にそういう計画があった。ところが、お金が一〇〇〇億かかるということがわかった。それを発表してしまうと、直後にある東京電力の株主総会で叩かれ、ただでも下がっている株が暴落する。そうすると財政的に破綻をきたす。だから、何とかそれを発表しないでおこうという工作をして、しかも発表しないであとはグズグズにして今日に至るということです。

公害罪法（人の健康に係る公害犯罪の処罰に関する法律）という、故意過失によって毒物、有害物を放出して公共の危険を発生させたものという刑罰があります。これにはさすがにぴったり当たるだろうということで、福島県警に告訴して、その結果を待っている状況です。

その他、原発の関係では、脱原発テント広場という裁判が継続しています。これは先ほどの九電の前でのテントの元祖みたいなもので、経産省の前にテントを張って頑張っている人たち、脱原発の継続的情報発信地であり、脱原発の運動をしている人たちの心のよりどころでもあるわけですが、そこに対して、占有者の親玉とおぼしき人二人を被告として、二〇〇〇万円ぐらいの損害賠償請求と立ち退き請求の訴訟を起こしてきている。これに対して私も弁護団に加わっておりまして、福島原発事故を起こした張本人の経産省が脱原発の運動をつぶしに来るなどとはとんでもない、それは嫌がらせ訴訟であり、スラップ訴訟だということで闘っている。

原発メーカー訴訟

五番目に、原発メーカー訴訟というのが最近起きました。皆さんご存じのように、原子力損害については電力会社のみが責任を負う。ほかは、メーカーであろうと、個人であろうと全部免責という条文になっています。実は原発の問題に一番詳しいのは原発のメーカーです。電力会社は車でいえば運転手、メカや修理に一番詳しいのは自動車メーカーです。交通事故で欠陥車で事故が起きたら、メーカーは責任を問われます。

ところが、原発ではいくら欠陥があっても何をしても、メーカーは責任を問われない。電力会社だけが責任を負う。ということで、真の責任者であるメーカーが社会的糾弾や経済的制裁をまったく受けていない。これは非常に問題で、だから彼らはのうのうといい加減なことをやる。メーカーを引きずり出せということで、弁護士になって三年目のすごくいきのいいロックンローラーの島昭宏弁護士が、「俺がやる。河合さんは手伝え」と言う。私はやっても負けるのではないかと思いましたが、「わかった。付き合う」ということでいまやっています。

したがって、この訴訟の第一のテーマは、免責を決めている、すなわち責任集中制度を決めている原賠法が合憲かどうかというのがまず第一の争点となって、そこを突破すると原発のメーカーの責任を問うことができるということになります。

立証責任が弱点

われわれはそういういろいろな闘いをしています。三・一一の直後は国民総ざんげみたいなかたちでしたが、どんどん盛り返してきて、やっぱり経済のためには原発が必要など、いままで出ているような議論がいっぱい出てきて巻き返されているような状況の中で、われわれの最大の弱みは立証責任の問題かと思います。こっちが具体的危険性を主張、立証しないと止めない。そういう理論になっています。浜岡原発はそういう典型で、「絶対にそういう地震が来ないとは断言できない。しかし、そういう抽象的危険をむやみに国家の政策に反映させることは慎まなければならない」と偉そうなことことが立証されない限り止めるべきだという理論を何とか築かなければいけない。

を書かれて、僕らは負けているわけです。しかし、そうではない。逆でしょう。絶対に安全だという

巨大事故を罰せる根拠を

一つ、非常におもしろいことを言う人が出てきた。元京都地検検事正、内閣法制局の参事官だった古川元晴さんという人が、刑事事件の不起訴処分に対して、元検察官として、後輩のやったことはおかしいと。なぜおかしいかというと、具体的予見可能でなければ罰せられないということになると、巨大技術、先端技術、大きな組織による技術については刑事責任が問えないではないかと。未知の危険ですよね。そういうものがわからなかった、こういう過程でこういう事故が起きることは具体的に予想できなかったと言われれば、それで終わりになってしまう。結局、交通事故などの犯罪は罰せられても、本当に社会を危うくするような巨大な事故は罰せられないことになる。それはおかしいと。

そこを突破するには、簡単に言うと、一定の科学的根拠を持って危険性が主張されたら、それを完全に排除する措置を取らなければいけない。その処置ができないのだったら、それを止めておかなければいけない。原発の場合もいろいろな危険性が指摘された。その場合にはそれを完全に排除する処置をしなければいけなかった。それができないのだったら原発を止めておくべきだった。そういう理論を彼は言い出して、『世界』の六月号（二〇一四年、岩波書店）に収録されています。

それが差止訴訟にも敷衍されて、ある一定の科学的根拠で危険性が指摘されたら、それを全部防ぐ。「そういうことはありません、大丈夫です、こういう処置をしました」という処置をしなければいけ

ない。その処置ができなかったら止めておけ。こういう論理を差止訴訟でも展開できるはずだということになってきました。そういうことも闘っています。

裁判と大衆運動をペアで

原発を止めるには大衆運動が必要です。両方が両輪で闘わなければいけません。訴訟には訴訟の長所があります。大衆運動と訴訟運動が必要です。大衆運動は飽きてしまったらなくなってしまいます。無視されたら報道されません。でも、裁判は一回始まったらずっとやらなければいけないから運動の中核になれる。だから、裁判と大衆運動はペアでやっていくのが一番いい。そのわりには、分科会をやってもこれぐらいしか裁判関係に来ないというのはやっぱり間違っている。原発運動をやる人は裁判にもっと関心を持つべきです。大きい声で反対するのは大事だけど、理詰めで丹念にやっていく作業をやらないと原発は止まらないということを皆さんにぜひご理解いただきたい。

保守層を巻き込む

最後に申し上げたいのは、われわれの闘いの最後の決め手は何か。それは保守層を巻き込むことです。ドイツだって、最後に脱原発を決めて、実行に入って、いま進んでいますね。あれはキリスト教民主同盟という超保守政党が緑の党に突き動かされて最後に動いたんです。そこまで持っていかなければだめだ。

でも、日本もそうなりつつある。小泉さんは、原発やめるっきゃないよね、使用済み燃料一〇万年

日本経済新聞　2014年（平成26年）4月4日（金曜日）

大間原発 差し止め提訴

函館市、自治体では初

青森県大間町に建設中の大間原子力発電所を巡り、北海道函館市は3日、安全性に問題があるとして、国や電源開発（Jパワー）に原子炉設置許可取り消しや建設中止を求める訴訟を東京地裁に起こした。自治体が原告となり、国に原発差し止めを求める訴訟を起こすのは初めて。

30キロ圏内、危険性指摘

訴状で市側は、原発事故では、人間だけでなく法人や地方自治体も被害を受けると指摘。函館市は津軽海峡を挟み最短約23キロに位置。東京電力福島第1原発事故後に原子力防災計画の策定が義務付けられた原発30キロ圏内に当たり、原告適格性があると主張した。

そのうえで、大間原発は①周辺海域に複数の巨大な海底活断層がある可能性が高い②テロ対策が不十分――などの危険性を指摘。「設置許可申請の建設差し止めを求めた。

会見で工藤市長は「2年以上も国やJパワーに計画凍結を求めてきたが、全く聞き入れてもらえなかった。市民の安心や安全を守るため、やむを得ず提訴した」と強調。提訴にあたり、青森県大間町などの原発立地自治体とは連絡を取っていないという。

パネルを手に記者会見する函館市の工藤市長（3日、東京・霞が関）

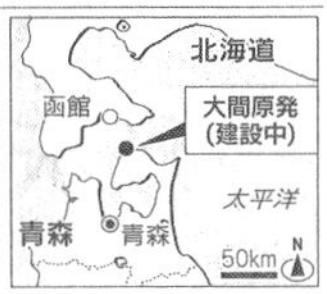

「事故起きれば地域が崩壊」

函館市長

北海道函館市の工藤寿樹市長は提訴後、東京・霞が関で記者会見し、「原発事故が起きると地域が崩壊する」と訴え、早期

パネルを手に記者会見する工藤市長

もかかるのをどうするんだと言って、都知事候補に細川さんが立った。都知事選挙でいろいろなことがありましたが、大事なのは、良心的な保守の中にわき起こってきた脱原発の動きとわれわれの動きを合体させなければいけないということです。原発には保守も革新もない。保守にも革新にも放射能は降ってくる。貧乏人にも大金持ちにも放射能は降ってくる。そういう意味で、われわれは保革一体となって脱原発に突き進まなければいけない。

四月三日、自民党出身の函館市長、いままで原発がいいと思っていた人が、目の前でつくられるのに非常に危機感を持って、ついに市として初めて訴訟を起こした。それもわれわれの成果です。脱原発弁護団を頼って「河合さんたち、この裁判をやってくれ」と。僕は脱原発訴訟を起こすのに生まれて初めて着手金をもらいました。一人一〇〇万円ももらったんです。一〇人いるから一〇〇〇万も出してくれた。みんなホクホクして頑張っています（笑）。

脱原発訴訟について言うと、具体的な動きがあります。大飯原発訴訟が三月二七日に結審されました。そして、五月二一日に歴史的な判決が出て勝訴しました。われわれが展開している理論はいままでのように科学論争の迷路に入りこむことなく、「この一〇年間に日本中の原発で基準値振動をオーバーした実例が五件ある。福島原発、柏崎、女川、いろいろある。一〇年に五回も想定を上回ってしまうのだから、その想定自身がおかしいのではないのか」。そういう結果に着目した単純な論理です。

その想定方法は今度の新規制基準で変わったのか。実はあまり変わっていないというのはさっきも言いました。それはおかしいということを僕らが言って、裁判官も少し聞いてくれているような顔をしているので、もしかしたらいい判決が出るかもしれません。浜岡原発で絶対勝つと思って負けた例があるので、もちろん楽観はできませんが。私たちはそういうかたちで日本全国で闘っています。原告団の人たちも僕らと一緒にこのまま闘い、さらに市民を多く巻き込んで闘っていけるといいなと考えています。

二　脱原発訴訟原告団活動報告と問題提起

1　泊原発の廃炉をめざす訴訟団を代表して

「泊原発の廃炉をめざす会」共同代表　**小野有五**

私たちは二〇一一年の一一月一一日を選んで札幌地裁に訴訟を起こしました。最初の原告団六一二人、弁護団約七〇人という訴訟です。そして、翌年の二〇一二年に第二次提訴をしました。第二次提訴はもっと原告が増えまして、いま原告は一二三〇人になっています。そのサポーターといいますか、賛同人の方はだいたい二〇〇〇人です。原告は第一次、第二次で締め切っておりますが、引き続き賛同人は求めておりますので、皆さんもなっていただければありがたいと思います。全国から賛同人に入っていただいております。

この三年間、訴訟をやってまいりまして、やはり裁判官はずっと規制委員会のほうを見ています。規制委員会では自分たちより専門家が審査してくれているから、それを超えるようなことはとても自

小野有五氏

分たちにはできない。規制委員会を超えて判断して間違えてしまったら自分たちの責任になるということで、ずっとその模様眺めをしております。

電力会社のほうも、規制委員会に資料を出しているのだから、そこで審査してもらえばいいという態度です。ですから、だんまり戦術で、こちらがいかにいろいろなことを申し立ててもずっと黙っている。こういう状況が続いてきて、さすがに裁判官のほうも「少しは反論したらどうですか」と言い始めてはいますが、基本的に非常に停滞した状態でいるのが現状です。

世論を高めて訴訟を

訴訟は非常に重要だと思います。運動では基本となるものだと思いますが、やはり世論をもっともっと高めないと裁判にも勝てないだろうと思います。皆様ご存じのように、政府にしても、電力会社にしても、少しでも三・一一の原発事故を風化させるように、報道もしないし、原発はいかにも安全であるという言説を流して、もう福島事故が終わったというかたちをつくっています。それに対抗するには、やはりもっともっと世論を盛り上げなければいけない。

もう一つは、この三年間やってきまして、こういう勉強会をやったり、講演会をやっても、来る人はだいたい同じということが見えてきました。最初のころはたくさんの方が来てくださって、原告を一二〇〇人以上に増やせたんですが、最近は、新しい方がほとんど来てくださらないわけです。反対という意思を持った方しか来てくださらない。ですから、世論を盛り上げるためには、原発は仕方がないと思っている人、むしろ推進すべきだと言っているような人たちに来ていただいて、やっぱり原

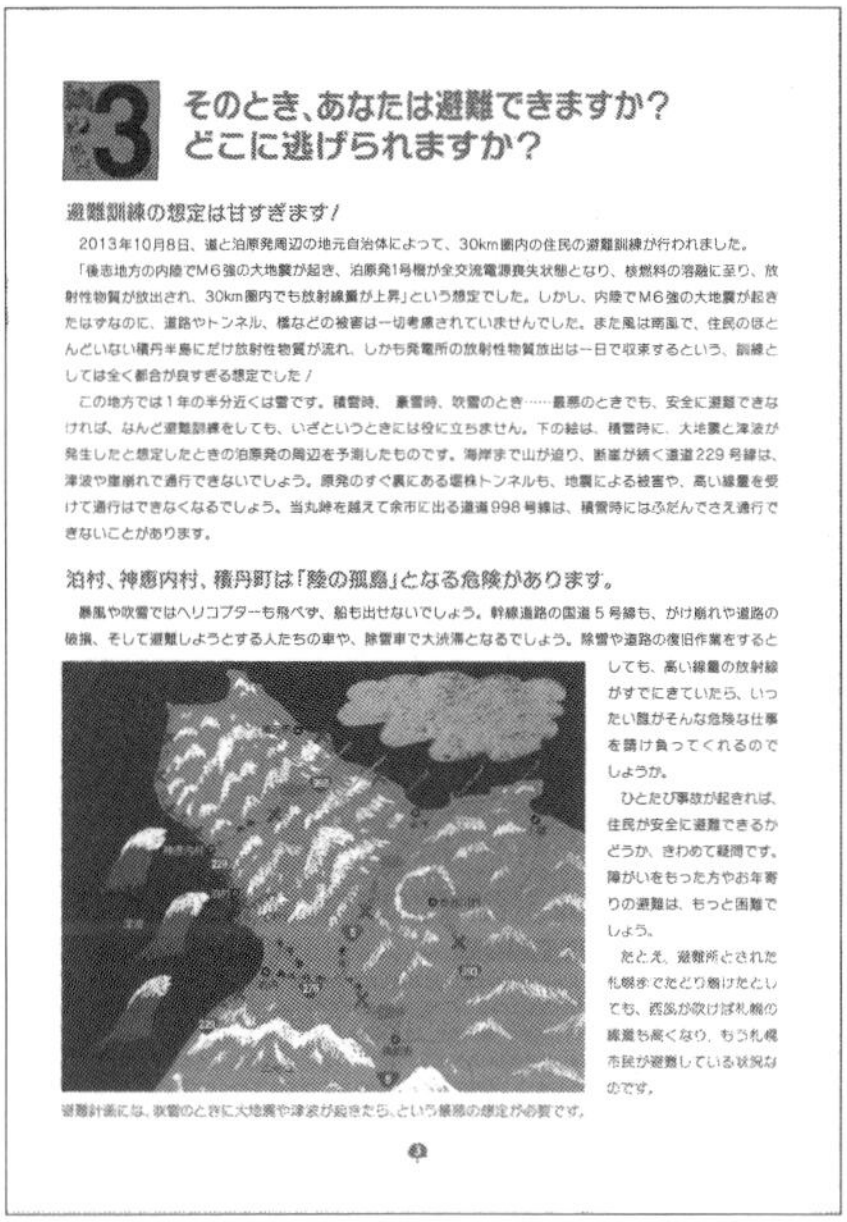

3 そのとき、あなたは避難できますか？どこに逃げられますか？

避難訓練の想定は甘すぎます！

2013年10月8日、道と泊原発周辺の地元自治体によって、30km圏内の住民の避難訓練が行われました。

「後志地方の内陸でM6強の大地震が起き、泊原発1号機が全交流電源喪失状態となり、核燃料の溶融に至り、放射性物質が放出され、30km圏内でも放射線量が上昇」という想定でした。しかし、内陸でM6強の大地震が起きたはずなのに、道路やトンネル、橋などの被害は一切考慮されていませんでした。また風は南風で、住民のほとんどいない積丹半島にだけ放射性物質が流れ、しかも発電所の放射性物質放出は一日で収束するという、訓練としては全く都合が良すぎる想定でした！

この地方では1年の半分近くは雪です。積雪時、豪雪時、吹雪のとき……最悪のときでも、安全に避難できなければ、なんど避難訓練をしても、いざというときには役に立ちません。下の絵は、積雪時に、大地震と津波が発生したと想定したときの泊原発の周辺を予測したものです。海岸まで山が迫り、断崖が続く道道229号線は、津波や崖崩れで通行できないでしょう。原発のすぐ裏にある堀株トンネルも、地震による被害や、高い線量を受けて通行はできなくなるでしょう。当丸峠を越えて余市に出る道道998号線は、積雪時にはふだんでさえ通行できないことがあります。

泊村、神恵内村、積丹町は「陸の孤島」となる危険があります。

暴風や吹雪ではヘリコプターも飛べず、船も出せないでしょう。幹線道路の国道5号線も、がけ崩れや道路の破損、そして避難しようとする人たちの車や、除雪車で大渋滞となるでしょう。除雪や道路の復旧作業をするとしても、高い線量の放射線がすでにきていたら、いったい誰がそんな危険な仕事を請け負ってくれるのでしょうか。

ひとたび事故が起きれば、住民が安全に避難できるかどうか、きわめて疑問です。障がいをもった方やお年寄りの避難は、もっと困難でしょう。

たとえ、避難所とされた札幌までたどり着けたとしても、西風が吹けば札幌の線量も高くなり、もう札幌市民が避難している状況なのです。

避難計画には、吹雪のときに大地震や津波が起きたら、という最悪の想定が必要です。

3

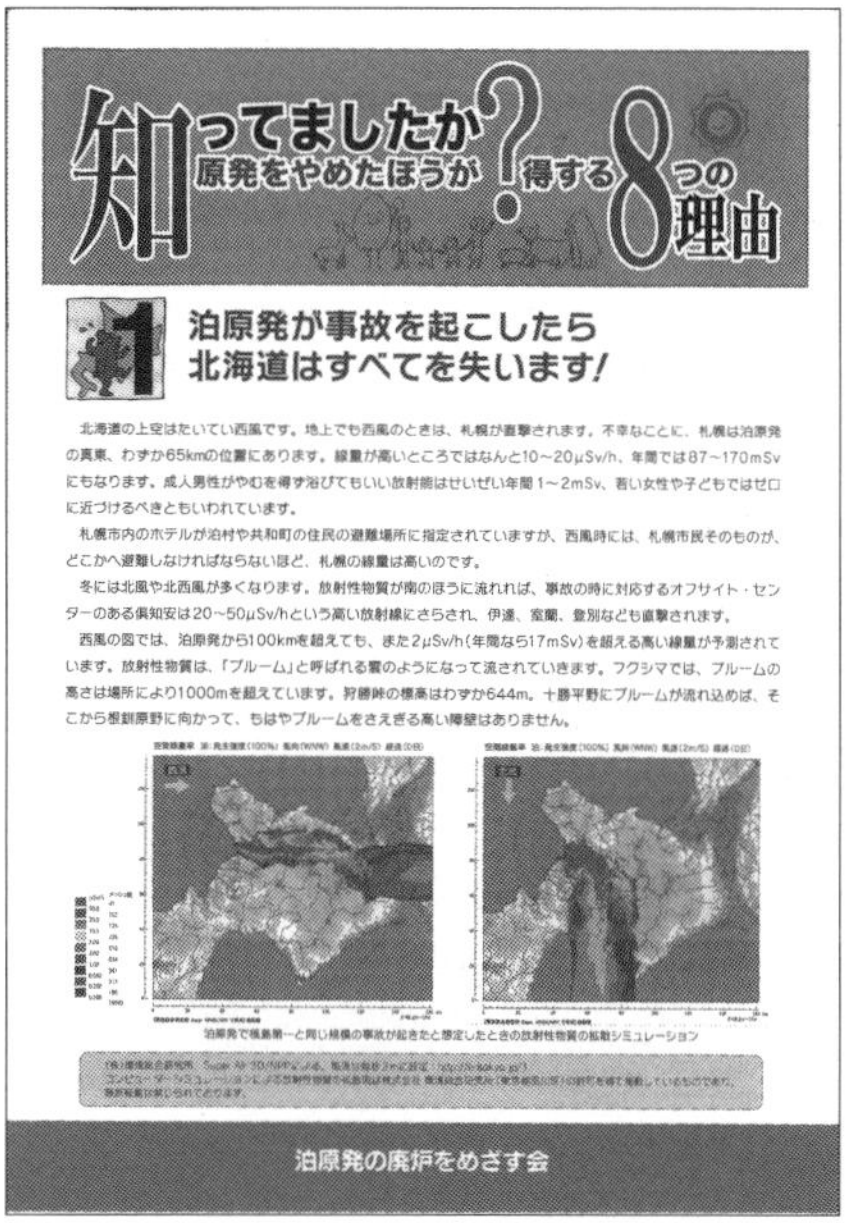

知ってましたか？原発をやめたほうが得する8つの理由

1 泊原発が事故を起こしたら北海道はすべてを失います！

北海道の上空はたいてい西風です。地上でも西風のときは、札幌が直撃されます。不幸なことに、札幌は泊原発の真東、わずか65kmの位置にあります。線量が高いところではなんと10〜20μSv/h、年間では87〜170mSvにもなります。成人男性がやむを得ず浴びてもいい放射能はせいぜい年間1〜2mSv、若い女性や子どもではゼロに近づけるべきともいわれています。

札幌市内のホテルが泊村や共和町の住民の避難場所に指定されていますが、西風時には、札幌市民そのものが、どこかへ避難しなければならないほど、札幌の線量は高いのです。

冬には北風や北西風が多くなります。放射性物質が南のほうに流れれば、事故の時に対応するオフサイト・センターのある倶知安は20〜50μSv/hという高い放射線にさらされ、伊達、室蘭、登別なども直撃されます。

西風の図では、泊原発から100kmを超えても、また2μSv/h（年間なら17mSv）を超える高い線量が予測されています。放射性物質は、「プルーム」と呼ばれる雲のようになって流されていきます。フクシマでは、プルームの高さは場所により1000mを超えています。狩勝峠の標高はわずか644m。十勝平野にプルームが流れ込めば、そこから根釧原野に向かって、もはやプルームをさえぎる高い障壁はありません。

泊原発で福島第一と同じ規模の事故が起きたと想定したときの放射性物質の拡散シミュレーション

[illegible]

泊原発の廃炉をめざす会

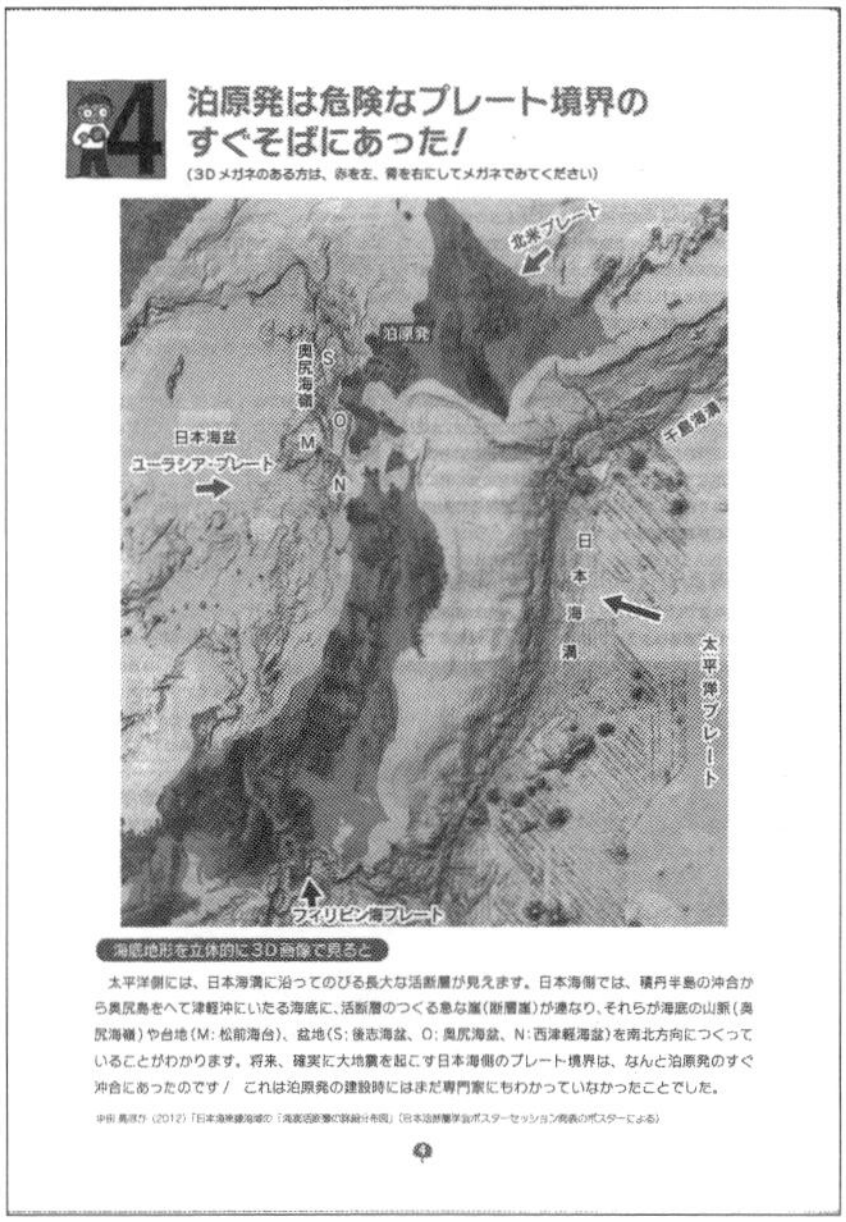

4 泊原発は危険なプレート境界のすぐそばにあった！

（3Dメガネのある方は、赤を左、青を右にしてメガネでみてください）

海底地形を立体的に3D画像で見ると

太平洋側には、日本海溝に沿ってのびる長大な活断層が見えます。日本海側では、積丹半島の沖合から奥尻島をへて津軽沖にいたる海底に、活断層のつくる急な崖（断層崖）が連なり、それらが海底の山脈（奥尻海嶺）や台地（M：松前海台）、盆地（S：後志海盆、O：奥尻海盆、N：西津軽海盆）を南北方向につくっていることがわかります。将来、確実に大地震を起こす日本海側のプレート境界は、なんと泊原発のすぐ沖合にあったのです！　これは泊原発の建設時にはまだ専門家にもわかっていなかったことでした。

中田 高ほか（2012）「日本海東縁海域の「海底活断層の詳細分布図」」（日本活断層学会ポスターセッション発表のポスターによる）

4

2 放射性物質は、同心円状には広がってくれません！

政府や北海道は、さしあたり30km圏内の住民の避難しか考えていません。でも、放射能汚染が30km圏内にとどまらないことは、福島第一原発の事故で証明されてしまいました。

放射性物質は風にのって運ばれ、地形にも影響されて、けっして同心円状には広がりません。

また、福島第一原発は、太平洋岸にありました。日本の上空は、ほとんどつねに西風が吹いています。ですから福島第一原発事故では、西風にのって放射性物質の8割以上は太平洋に出たと言われています。たまたま南東からの風が吹いたときだけ、汚染が図のように北西方向に拡散したのです。

けれども、泊原発は北海道の西の端にあります。そこで事故が起きれば、西風にのってほとんどすべての放射性物質が北海道の大地に流れ、北海道のすべてが汚染されてしまいます。

しかも、太平洋側にあった福島第一とちがって、泊原発では原発から出た放射性物質が、ほとんど100%流れてきますから、各地の放射線量は、福島原発事故よりはるかに高くなるのです。

（福島第一原発からの拡散図：文部科学省放射線量等分布マップ http://ramap.jaea.go.jp/map/ に同心円を加筆）

風船が教えてくれた上空での風の流れ……

[illegible]

2

7 ここまで来ている北海道のエネルギー！

原発なしでも、私たちはじゅうぶんにやっていけることがわかりました！ ここ数年、寒い冬が続いていますが、北海道の最大消費電力は2011年の578.8万kW（1月12日17:00）をピークに、2013年は551.5万kW（1月18日17:00）今冬は540万kW（2014年1月17日17:00）と減り続けています。節電は確実に根付いているのです。

LNG（液化天然ガス）による最新のガス・コンバインド・サイクル発電

石狩新港のLNG（液化天然ガス）基地（北ガス）に接続して北電が建設中のガス・コンバインド・サイクルは、ガス・タービンと蒸気タービンをあわせた最も効率のよい発電設備です。原発では発生した熱の3分の2を海に捨て、地球を温暖化させてしまいますが、ガス・コンバインド・サイクルでは、発生した高温の排ガスも回収して利用、熱の放出を原発の3分の1以下にまで減らしています。二酸化炭素の発生量も石油の約半分です。

北電は、2018年までに57万kWの発電を完成、2021年までにそれを倍に、2028年には3倍にして、計170万kWを発電すると言っています。ほかの電力会社は早くからLNGを導入しており、北電は完全に遅れをとっています。工事を前倒しすれば、もっと早く170万kWの発電が可能になります。

再生可能エネルギー → 道内で発電できる電力：ソーラーでは 183万kW（2014年1月）、風力では 187万kW（2012年時点） ／ 北電が買い取る上限：70万kW、56万kW

こんなに発電できるのに、北電は、その30～40%くらいしか買おうとしません。これが現実です。いま、北電がソーラーと風力で発電できる電気をすべて買えば、それだけで370万kW。泊原発のなんと1.85倍の電気がまかなえるのです！

北電は、お天気次第で変わる風力やソーラーは不安定だから、これ以上は入れられないと言いますが、すでにドイツやスペインなどでは、風力やソーラーを大量に導入、変動分をガス・タービンや火力で調整しているのです。進んだ技術をもつ日本でできないはずはありません。もちろん現状では、送電網が不足しています。これは北電だけに押しつけるわけにはいきません。北電を応援するとともに、国の予算も入れて送電網を整備すれば、今すぐにでも、北海道は「再生可能エネルギー王国」になれるのです！

ここまで来たバイオガス

[illegible]

5 活断層は連動すると地震や津波の規模がさらに大きくなる！

泊原発の周辺を鳥の目で、海底地形を鯨の目で見てみると……

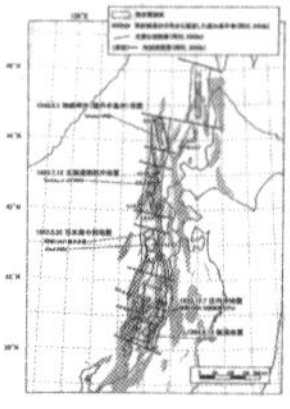

上図：泊原発の廃炉をめざす会（編）『泊原発の問題は何か？』寿郎社
下図：地震調査研究本部「日本海東縁部の地震活動の長期評価・過去の地震の震源モデル、想定震源域、およびひずみ集中帯の分布」http://www.jishin.go.jp/main/chousa/03jun_chousa/f05.htmによる

1993年の北海道南西沖地震は、奥尻海嶺の西側から奥尻島の南西まで、活断層が実に140kmも連動して起きました。そして奥尻島に最大30mの津波をもたらしました。もし、このとき奥尻海嶺の東側の活断層が動いていたら、津波は泊原発を襲撃して、大事故になっていたかもしれないのです！

プレートのぶつかりあいで、ひずみがたまっている泊原発～幌延周辺

ユーラシア・プレートと北海道・東北がのる北米プレートがぶつかり合う日本海の東縁部は、つねに歪（ひずみ）がたまって大地震を起こしやすくなっています。泊原発の沖合や道北、幌延の沖合も地震の空白域であり、強いひずみがたまっている危険な地域（左図でオリーヴ色の部分）にあることがわかります。

1983年、日本海中部地震に襲われた秋田県は、今後の防災対策として、佐渡ヶ島から津軽沖までの活断層が連動して津波を起こしたらどうなるかを検討しています。泊原発でも同様に積丹半島沖から津軽沖までの活断層の連動を検討、地震動も津波も、最も大きくなる最悪のケースを想定すべきでしょう。

8 人間は危険なゴミを10万年も管理できますか？

10万年って、どんな時間？

原発から出たゴミは、高い熱と放射線をもっています。危険な放射能が安全なレベルに下がるまでには、なんと10万年もかかるのです。10万年前、人類はまだネアンデルタール人の時代でした。また地球は、ほぼ10万年の周期で氷河期になり、カナダやスカンジナビアは、厚さ3500m以上の「氷床」とよばれる広大な氷河に覆われました。

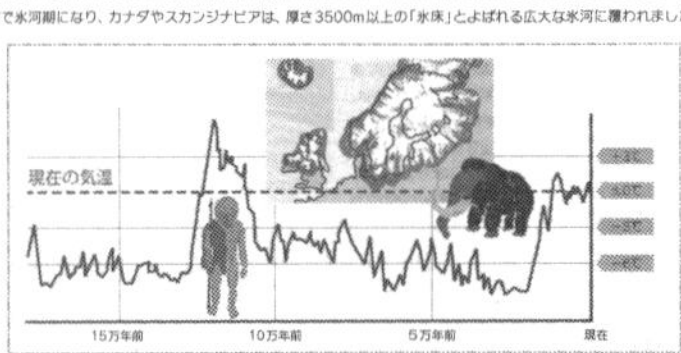

約20億年前から変わらない安定大陸の岩盤／今も動いている日本の変動帯の地層

いま、フィンランドでは、18億年間前から安定大陸となっている固い岩盤を掘って、そこに核廃棄物を埋める地層処分が行われようとしています。確かに岩盤は安定していますが、巨大な氷床ができたり、とけたりすると、固い岩盤も数百m隆起したり沈降するので、その影響が心配されています。北海道の幌延でも、地層処分研究がされていますが、日本は列島全体が新しい変動帯にありますから、どこを掘っても地層処分は不可能ともいえます。幌延の地下にも活断層が推定されています。

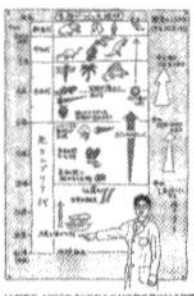

（小野有五、1997年『山のひみつ』（自然を見つける物語・第3巻）、岩波書店に加筆）

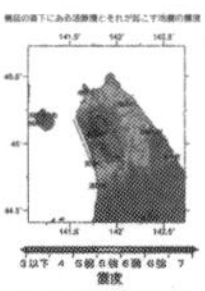

（地震調査研究本部による）http://www.jishin.go.jp/main/yosokuchizu/hokkaido/p01_chubu.htm

泊原発の廃炉をめざす会
02790-1-100850
泊原発の廃炉をめざす会

6 原発の本当のコストはこんなに高い！

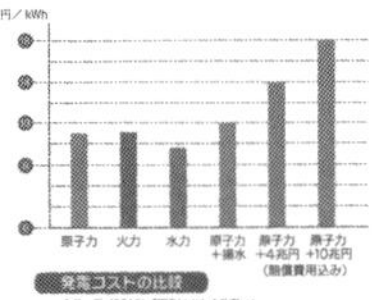

発電コストの比較

金子　勝（2013）『原発は火力より高い』（岩波ブックレット）の記載から、簡略化してグラフ化

原発の方が安いと言ってきた電力会社のウソ

政府や電力会社は、原発の発電コストは、火力や水力よりもはるかに安く、1kWh当たり6～7円と言ってきました。しかし、電力会社の有価証券報告書を調べた大島賢一（立命館大教授）による研究では、グラフ左側のように、実際の原発のコストは火力とほとんど変わらないことがわかりました。

原発はいちど動かすと運転しっぱなしで、出力調節ができません。深夜電力が余ってしまうので、それを消費するために夜間に水をダムにくみ上げ、昼間に落とす揚水発電が必要になります。その費用を入れると、原発のコストはずっと高いことも明らかになりました。

しかし、この計算には、まだ事故処理や補償、廃炉のための費用は入っていませんでした。福島の事故でわかったように、事故が起きれば、電力会社は事故処理や補償を私たちの税金でやるのです！ 政府は東電にすでに1兆円を支出、また原子力損害賠償機構からは約4兆円の交付金が認可されています！ 本来なら電力会社がすべて自前で払うべきお金ですから、それも発電コストに入ります。また、事故がなくてもいずれは廃炉にするわけですから、その廃炉費用もコストに加算すべきです。

原発の一部が廃炉になっていくと、残った原発の発電コストは？

何基かある原子炉の一部を廃炉にしても、地震や津波への安全対策は原発全体に必要ですから、寿命に近づいた原子炉から廃炉にしていくと、かかった費用は残った原発に上乗せされ、コストがさらに上がります。

金子　勝（慶応大学）教授がこれらの費用をすべて入れて計算された結果は、図の右に示したように、泊原発では、賠償費用を現時点の福島のように4兆円とすれば約14円、将来も考え10兆円なら約18円になりました。大飯原発では約14～20円、高浜原発ではなんと約15～34円にもなります。

廃炉で泊村はどうなる？

泊村では、廃炉になったら、村への交付金も、村での事業もなくなり、[illegible]

しかし、そんな心配は不要です。まず、原発を安全に廃炉にするだけで最短でも30～50年はかかるでしょう。しかも廃炉の費用は、これまで電力会社が言ってきた以上にかかることが明らかになっています。[illegible]

今でも原発のプールで冷やしている使用済み核燃料を安全に保管するには、またプールから出した後も安全に保管するには、大規模な安全対策が必要です。[illegible]

泊村への経済的、技術的支援は今後もずっと続くのです！

発はまずいということを知ってもらわなければいけないだろうと思います。それで、「知ってましたか？　原発をやめたほうが得する8つの理由」というカラーのパンフレットを、高木仁三郎基金からの助成で今回つくらせていただきました。

（パンフレットご希望の方は、廃炉をめざす会の事務局までメールでお申し込み下さい info@tomari816. com）

パンフレットの特徴

このパンフレットには「原発反対」ということは一言も書いてありません。ただ「知ってましたか？」と問いかけることで、原発の問題点を知ってもらいたいと思ってつくりました。本当に知らないんです。大学で学生に講義をしても、若い人たちは原発の危険性を知らない。いま原発がすべて止まっているということさえ知らないんですね。それで、原発が止まったらもうやっていけないだろうということを平気で言っている。そういうレベルの人が非常に多いわけです。

パンフレットの一枚目は、日本はどこでもそうですが、上空は偏西風が吹いていますので、どんな地上風であっても必ず最後は東のほうに流れていくことを示しました。泊原発は北海道の西の端にありますので、これが事故を起こしたら札幌も壊滅状態です。北海道全体が壊滅状態。そのことをまず知っていただきたい。

二枚目はまさに福島の図ですが、「福島、たしかに大変な事故だったけど、原発事故もこの程度で済むんだ」とか、一四万人の方が避難しているにもかかわらず、それでも「この程度ではないか」という人が非常に多いわけです。これはとんでもない間違いなのです。福島原発は太平洋側にあった。

だから放射性物質の八割方が全部太平洋に出てしまっている。たった二割か一五%ぐらいの放射性物質でこれだけの被害が出ている。これがもし柏崎刈羽や日本の西側にある原発が事故を起こしていたら、とんでもないことになっているわけです。そのことをまず知ってもらいたい。

それから、放射性物質は、決して同心円には広がらないということです。政府も電力会社もすべて同心円でものごとを考えさせようとするけれど、こんなのは事実とまったく違っていますから、そこをまず知っておかなければいけない。

三枚目は、防災計画、避難計画がまったくできていないわけです。これはいまの規制委員会の規制からは巧妙にはずされてしまっています。そして、地方自治体の責任だと地方自治体に押しつけていますが、逆にそれは私たちにとっては闘う上で重要な点ではないか。知事の権限、地元自治体の首長の権限として、原発を止める正当な理由になるのではないか。避難できないとわかったら、いくら原発に賛成する人でもやっぱり困るわけです。ですから、いくら原発に賛成の人でも、ここは共闘できるのではないかということで、いま私たちは、避難計画の不備、不可能ということを強く打ち出そうとしております。

四枚目、五枚目は、私のもともとの専門ですが、活断層の問題、津波の問題です。太平洋側はプレートが沈み込んで大変だということは日本中の人が知っていますが、日本海側は太平洋側に比べれば安全だという神話がまだまかり通っています。しかし、四枚目の図を見ていただくとおわかりのように、特に柏崎刈羽と泊原発の沖合は、日本海側で一番危ないプレート境界になっています。そういうことを知っていただきたいのです。

そして六枚目。ここがある意味で一番重要かと思いますが、原発については、人命も大事だけど経済のほうがもっと大事だという言い方を皆がしています。そうではないでしょう。経済のことを考えたら、原発ほどコストが高いものはない。私たちは、同じ経済の土俵で、原発は経済的にも合わないということをもっともっと言うべきではないか。人命と比較してはいけないと思います。経済的にも合わないでしょう、こんなにコストが高いでしょうということをもっと言うべきです。

七枚目は、原発が悪いことはわかっているけれど、いま原発を止めたら、今度は石油でコストがかかって大変だと言っています。しかし、特に北海道についていえば、現時点でも風力とソーラーで業者は三七〇万kWつくれると言っているわけです。ですから、北電が買うと言いさえすれば、送電網が整備されれば、いますぐにでもすべて再生可能エネルギーで北海道はやっていける。そういう状態になっています。ですから、私たち北海道にいる者としては、とにかく日本の中で再生可能エネルギーだけでやっていけるというモデルをつくってしまいたい。北海道でもできるならほかでもできる、ということになるのではないか。もちろんいきなり再生可能エネルギー一〇〇%とはいかないにしても、液化天然ガスを使ったガスタービンのコンバインドサイクルで、北電もいま一七〇万kWの発電所をつくり始めています。二〇一八年には五七万kWの発電量。二〇二一年はその倍になる。ただ、なぜか、三倍になるのにそこからまた七年もかかる計画なのですね。それをただ早めればいいだけの話ではないか。そういうことです。

最後の八枚目。いま原発の再稼働などと言っていることに対して、ゴミはどうするのか。事故が起きなくても、私たちはこのゴミを一〇万年間も処理しなければいけないということです。今までの分もあるのだから同じだろうなどと言うわけですが、そうではありません。もうこれ以上ふやさないという前提で、初めてゴミの処理の問題が議論できる。

まず一〇万年というのが皆さんにはわからない。私のように地球の歴史を専門にやってきた人間は、一〇万年というとこれぐらいとわかるけれども、普通の方はまずわからないでしょう。それをわかりやすくするために、一〇万年前はネアンデルタール人がいたころですよとか、そこから氷河時代が始まって北欧が全部が厚い氷河に覆われて、そしてそれがとけてやっと一〇万年ですと、そういうことを具体的に示してあります。

さらに、日本はすべてが変動帯です。ですから、ここに活断層がたくさんあって、そっちはちょっと少ないなんて言っていても、結局すべて変動帯の上ですから、基本的に日本では地層処分は無理であるということです。そうすると、これは将来、国際的なかたちで処理していくしかないということになるかと思います。もちろんこれはこれからの大問題ですが。でも、そのためにもまず全部止めることが前提で、ゴミを出し続けていてほかの国にお願いするなんてことは道義的にできませんから、まず原発をやめるということが先決だろうと思います。

私たちは泊のことで精一杯なんですね。もちろん私たちの会は、大間原発を止め、幌延の地層処分も止めると規約でうたっています。しかし、やはり今までは、私たちの訴訟で手一杯でした。でも、世論を高めるには、東京に全国の訴訟団が集まって声を上げることが大事ではないでしょうか。

弁護団の方は全国の連絡会をつくってしょっちゅう集まっています。情報交換し、勉強されて、訴訟にはとても役立っているけれど、やはり全国の訴訟団、原告団が集まって皆で声を上げるということを、ぜひ今後、考えていただきたいと思います。

2　東海第二原発訴訟原告団を代表して

東海第二原発訴訟原告団共同代表　**大石光伸**

大石光伸氏

常総生活協同組合という茨城の生協から参加しました。

東海第二ではすでに先輩たちが第一次訴訟をしており二〇〇四年に最高裁で棄却されました。今回は一次訴訟の原告に加えて、お母さんたちも含めて原告になっております。いろいろな団体と以前の訴訟の人たち、それから社会党や共産党の流れも含めて一緒に組んだ原告団です。二〇一二年七月に提訴をしております。

裁判の論点のところは、東海第二の特徴だけ申し上げておきますと、もともと日本で原子力発電をするパイオニアとして電気事業連合会が産み落とした会社でしたから、独自の判断が全然できないでおります。株主は全部電力会社です。しかも原発単独の企業ですから、原発の採算が合わなければすぐに破綻することは目に見えています。電事連にしても、最初はそれぞれの電力会社が原発をつくっていくことにはリスクがあったから共同で会社をつくったというパイオニアとして、歴史的な役割は、事実上終わっているわけです。それで、いまは政府と丁々発止するのに日本原子力発電株式会社を使ってけんかをさせてみたり、どういうふうに政府が対応するかということのダシにされているという感じです。

そういう点で、固有の問題では歴史的な使命を終えた日本原電の東海第二原発を住民の力で墓場に追い込んでいけるかどうかというふうに思っております。日本原電は単独の電力会社ではなく、なおかつ原発専門の企業なので、モデル的に非常に採算が合わないことがはっきりしていくと思います。

周辺の自治体では、知事が曖昧で国頼みですが、東海村は昨年まで村上村長さんの存在が大きかったので、何とか引き続き頑張ってもらっています。周辺自治体としては黙って見ているわけにはいかなくて、「申請は再稼働に直結しない」ということを覚書きで約束させている。それが日和見かどうかという批判もありますが、周辺自治体がこぞって日本原電に対して要求したことです。いまそういう状況です。

訴訟の経過

裁判の方は引き延ばしを図られて、ようやく今年一月から始まってまだ五回しか行われておりません。七月の新規制基準のところから裁判長のほうもようやく乗り出してきておりますが、裁判官が原告の意見陳述、弁論を認めないということがあり、その進行に異議申し立てを原告みんなでしたことで法廷が騒然となって、裁判長が出ていってしまったということもありました。住民の生命、財産の安全こそがこの差止訴訟の重要な要件だということをあらためて弁護士さんのほうから主張していただいて、「仕方がない、最初の一〇分だけ原告が被害論を言っていい」ということになって、いまそれを続けております。

福島事故以降、避難と被曝というのが住民にとって一番の関心事になってきていますが、政府や規制委員会は巧妙にそれを全部はずしています。その意味では、住民が安全を保障される法的な措置はまったくないということがはっきりしてしまうわけです。そういう点でいうと裸状態で、避難計画も立地指針も法規制からはずれましたから、事実上は地域の住民と電力会社との現場でのガチンコにならざるをえない。いくら裁判で「立地指針はどこへ行ったんだ」と言っていても始まらないという感じはしております。

住民の争奪戦

最終的にガチンコになった場合、地域の住民が当事者としてリアルな避難の状況、もう家を失って、あるいは事故があったときに何を持って逃げるのか、帰って来られないことを想定したときにどうするか考えてほしいと思っています。いま原告団のほうでも、普通の人、あるいは原子力関係企業に勤めている会社の人、家族の人にも、「お父さんは逃げられないかもしれないが家族はどうするかという打ち合わせができていますか。覚悟はできていますか」というような簡単なアンケートをとにかく全員に出してもらい、当事者意識をちゃんと持ってもらう。企業、電力会社、原発に勤めている方だって当然同じ人ですから、そこを皆で考えていくというアンケートを採りながら、コツコツ歩きながら、地域住民みんなで考えていく基盤をつくっていこうということでいまやろうとしています。

そういう意味で言うと、国と電力会社、私たちを含めての「住民の争奪戦」になるというとちょっと変ですが、やはり争奪戦にならざるをえないだろうと思っております。裁判と併せて、裁判で明らかになっていることをしっかり地域の中に落とし込んで、反対、賛成ではなく、生活権が奪われるというところで運動を広げていきたいと思っております。

弁護団のほうは全国連絡会ができているので、原告のほうも一段落したところで、情報交換して連絡ができるような連絡会をという提案をあらためてさせていただきます。東海第二の私どもが事務局を引き受けさせていただきますので、泊のほうで代表を務めていただいて進めさせていただければ、全国の原告団のほうに呼びかけをさせていただきたいと思いますので、今日あらためて結成をお願いしたいと思います。

私どもも神奈川から関東、千葉もそうですが、地域ごとの原発の損害賠償の裁判とかかわっている原告がいます。そういったところ、全国の原発の公害訴訟原告団の仲間と各地域での原発訴訟が結合していけるような形成を、連絡を取り合いながらぜひ進めていきたい。それぞれのところで皆さん頑張って一緒に支援しておりますので、それらの連絡網も取れたらいいいと思っています。

2014/06/12

脱原発原告団全国連絡会（準備会）ニュース No.1

（発行責任者）小野有五（泊原発の廃炉をめざす会）蔦川正義（原発なくそう！九州玄海訴訟団）
（発行元）脱原発原告団全国連絡会準備会事務局　大石光伸　茨城県守谷市本町 281 常総生協内　東海第 2 原告団事務局
tel/0297-48-4911　fax/0297-45-6675　mail/oishi@coop-joso.com

呼びかけ

全国の原発訴訟原告団のみなさんへ

脱原発原告団全国連絡会をつくりましょう！

子どもたちや住民が、もう二度と原発事故によってふるさとを失うことがないよう、健康被害を受けることがないよう、原発の再稼働に反対するとともに、原発すべてを速やかに廃炉にするために各地で裁判を闘っておられる原告団のみなさまによびかけます。

それぞれの闘いをお互いに支援するため、そしてまた、各地域での訴訟を全国的にアピールし、関心をもたない人たちにも、原発訴訟の重要性、緊急性を知っていただくために、全国各地の訴訟団が団結し、連帯できる、ゆるやかな全国組織をつくりませんか。

すでに全国の原発訴訟の弁護団は、「脱原発弁護団全国連絡会」をつくり、定期的に集まって情報を共有しながら、裁判を闘っています。それぞれの原発に特有の事情もありますが、共通する問題点も多く、弁護士さんたちの全国連絡会は、各地の裁判に大きな力になっていると思います。

共通する問題点や悩みをかかえている私たち原告団も、孤立して闘うのではなく、同じように連絡会をつくり、手をつないで、全国的な反原発のうねりをつくっていくべきではないでしょうか。これまでも、1000 万人署名の呼びかけなど、全国的な運動は大きな力になってきましたが、原発訴訟団そのものが手を結んだ全国的な運動はまだありません。

2014 年 4 月 5 ～ 6 日、福島で「原発と人権」の全国集会で顔をあわせた私たちは、期せずして、原告団の全国連絡会の必要性を訴えました。そのような事情から、私たちがまず呼びかけ人になって、連絡会の結成に向けて、動き出そうということになりました。

安部政権が、3.11 などなかったかのように、原子力発電を再び日本のベース電源と位置づけ、電力会社や経産省とともに、むりやり原発を再稼働させようとしている現在、私たち、原発訴訟に関わってきた者たちは、裁判はもちろんのこと、法廷外においても、原発をやめたいという世論をもっと強め、政府・官僚・電力会社の圧力をはねのけていくべきではないでしょうか。そのために、連絡会をつくり、それぞれの地域での活動を、みんなで支援しあうとともに、東京でも全国の訴訟団が一同に会した大集会などを開き、原発訴訟の意義を、多くの人々に、メディアに訴えていきたいと思います。

さしあたり、各地の脱原発訴訟原告団から 1 ～ 2 名の代表に出ていただいて準備会をつくり、10 月に東京で、各地の脱原発訴訟原告団の全国大会を開催、全国的なアピールをすることを当面の目標に、準備をすすめることをよびかけたいと思います。もちろん、東京での全国大会より前にも、各地での集会などを、全国の訴訟団が支援できる態勢もつくっていきたいと考えます。どうか、みなさまのご賛同、ご協力をお願いいたします。

2014年6月2日

小野有五（泊原発の廃炉をめざす会）、蔦川正義（原発なくそう！九州玄海訴訟原告団）
河合弘之（脱原発弁護団全国連絡会共同代表）、大石光伸（東海第二原発訴訟原告団）

1

原告団の呼びかけ文

3　玄海原発訴訟原告団を代表して

玄海原発訴訟原告団共同代表　蔦川正義

九州は二つ訴訟があります。九州電力を相手に玄海原発と川内原発があります。なお、玄海原発には、プルサーマル問題に集中した訴訟もあります。この会場に参加している玄海訴訟の原告は三人だと思います。九州電力の前にテントを張って一〇〇〇日間闘ったという方を含めて、原告としての闘いというよりもさらに広い闘いをやっております。

私は九州電力の玄海訴訟のほうの原告です。この玄海訴訟というのは、現在、原告は七六〇〇人で、この訴訟は法廷と住民運動が一緒になっています。

福島の事故を九州ではどう受け止めるのか、そして、万が一九州で事故が起きたら偏西風で全国的な被害があると考えると、やっぱり九州は重要だと考えています。

原発があること自体の問題性を

原発訴訟でこれまで全敗してきたことを受けて、私たちは何をやるのだろうということを考えたときに、原発の存在そのものが危険だということが福島によって明らかになっているので、あれこれのことが悪かったから事故が起きたという話で片付く問題ではないということを中心にしようと思いました。

九州電力は、「お前さんたちは福島の事故のことをいっぱい言うけれど、玄海原発のどこが悪いのか言え」と言うわけです。たとえば玄海原発の一号機は、一九七五年ですからもう四〇年近く経っているのですが、古いからいけないということを説明しろと。あるいは、一号機は古いから、脆性破壊温度、つまり水を入れたときに低温の水だと炉がこわれる温度のことですが、その温度が全国の原発の中で一番高い九〇何度うんぬんと言って、そんなことを争点にしたいと言うのです。

ところが、私たちはそんなことは言わない。福島を見てみろ。事故が起きることは想定外だったというが、実際に開けてみると、いままでいっぱい隠し事をしていたではないか。起きたときに避難できればいいけれど、できるような話ではない。そういうことも含めて、事故というのが単なる技術論や玄海原発の固有の発生危険性で論争するのではなく、事故が発生しなくても多種多様な問題が起きていることも含めて、原発があること自体を問題にしています。

蔦川正義氏

国を被告に

他の訴訟と同じように私たちも国を被告にしました。原発の立地地域を決めるときから全部国が関与し、電力会社は利権に守られて操業するだけでガッポリ儲かるという仕組みの中にあるのだから、国自体も訴訟の当事者にするということです。

国の原発政策が立地から稼働、廃炉に至るまで、現状のままでは地域を破壊し、地域民主主義をも破壊し尽くす。

玄海原発は隠しているがいろいろな事故を起こしています。外に放射能が飛び出すような大きな事故はないですが、廃炉にするかどうか早く決めてほしいというのが玄海町を含む地元の意向です。

再稼働の思惑の中で

この間、私たちは別の団体で、この玄海原発のあるところで合宿をしました。そこの議会の方が出かけてきて、原発さえなければこれから町をどうするかという議論ができるけれど、再稼働を狙っているからできないと。しかも、玄海原発はやらせメール事件で佐賀県が有名になってしまった。だから、玄海原発は最初の再稼働に手を挙げにくい。

ところが、九州の中では川内のほうが再稼働になりそうなので、あそこが再稼働してくれれば玄海は二番目に手を挙げてもいいのではないかというのが地元首長の思惑らしい。福島では全面的廃炉というときに、九州佐賀の玄海では、地元は二番手なら手を挙げるという雰囲気だということ自体、日本の中での大きな問題だと思います。

国民すべてが被害者であることを自覚して、いろいろな人がともかく声を上げよう。そこで一万人原告という発想が出て来ました。

一万人も原告がいたら、それこそ原告団のまとめが大変だということですが、そんなことはあまり考えないで、いろいろな遊びを考えています。その一つが風船を飛ばして放射能の拡散範囲を測定する風船プロジェクトです。一昨年から四季を通じて四回やりました。

風船はどこまで行ったか

その中で一つだけご紹介します。九州の西端の玄海から飛ばしたらどこに行ったかというと、久大線という久留米と大分を結ぶＪＲ線がありますが、この沿線に沿ってきれいに飛ぶんですね。偏西風が吹いているということです。そして、四国にバタバタ落ちて、最後に風船は奈良県の方まで飛んで落ちています。風船だから落ちるので、もっと小さい粒子はもっともっと行きます。このプロジェクトでどこに落ちるかということを明らかにしました。そのことについて非常に科学的な論文が、『日本の科学者』二〇一四年二月号に掲載されています。そういうことで、研究者はいろいろな分野で発言し、住民は風船はどこまで飛ぶかを探っています。

さらに玄海原発については、出版物『原発を廃炉に！　1万人原告の挑戦』及び『同ＰＡＲＴ２』（ともに花伝社刊）によって、きっちりとした私たちの主張と訴訟の状況をブックレットで公開しています。この出版物をもって学習会をやろうかと私が提起したら相手にされませんでした。確かに読んでくださる原告はたくさんいますが、この書物をみんなできちんと読み合わせることは、とても住民運動にはなりません。

住民運動を広げるために

そこで、多くの原告の皆さんにどのようにして出版物の内容を知らせるかということで、模擬裁判、架空裁判というのをやっています。弁護士の先生は、けっこう名優です。

ほかの法廷ではなかなか認められないと聞きますが、佐賀の法廷では毎回必ず原告が陳述できて、三〇分行います。その三〇分の中には、地元の方々の陳述もありますが、著名な方の陳述もあります。斎藤貴男さんは陳述人として、二〇一三年一二月時点で、原発事故の避難による関連死者数が震災の直接死者数を大きく上回るなどのデータに基づく証言をしていただきました。それから陳述人が前日からお見えになるものですから、前夜祭をやるんです。講談師の神田香織さんの時には佐賀市の大きなお寺でやりました。

法廷がある日は原告が二〇〇~三〇〇人集まります。法廷には五〇人くらいしか入れませんから、入廷できなかった人は大きなホールを借りて、今日はどういう陳述とどういうことが行われるかというのを、弁護士さんたちが、模擬裁判風にやってくださるのです。法廷に入れなくても裁判の状況がわかる工夫があります。

八回の裁判で

裁判はすでに八回やりましたが、二〇一四年三月二八日の最後の法廷では、裁判長が九電側の答弁・反論を促すやり取りがありました。原告は福島事故を受けて、原発の存在そのものの危険性を柱に論述してきましたが、裁判長もそのことをある程度理解したのか、「九電さんは逆に安全を主張しませんか」という意味の言葉で水を向けてくれたようです。

九電が安全だと言うのであれば、規制基準をクリアしているということだけではなく、もっと避難を含めて住民の安全のすべてについて述べる必要がある。私たち原告は、この八回の裁判で、そこまで追い込んだと思っています。

三　福島原発公害被害者訴訟の意義と脱原発の闘い

「原発事故の完全賠償をさせる会」代表委員　「福島原発避難者訴訟（第1陣）」原告団団長　**早川篤雄**

早川篤雄氏（宝鏡寺住職）

私たちは、福島原発事故で避難させられた避難者と、避難させられなかったが原発事故で深刻な被害に直面している有志、それに弁護士さんとで話し合いを重ね、二〇一一年一二月二三日、「原発事故の完全賠償をさせる会」を結成しました。会の目的・スローガン・行動目標は「あやまれ、つぐなえ、なくせ原発・放射能汚染」「子どもたちが安心して生活できる福島に」です。この二つのスローガンに会の目的と趣旨が端的に表されていると思います。

「あやまれ」とは、東電が原発を福島県の双葉郡に設置すると決定し、建設し、営業運転を開始して、三・一一までの間、東電は原発立地地域の住民をまったく無視してきて、ついに地域住民の未来まで完全に奪った。この事実に対する被害者の憤り、全身全霊の怒りの言葉です。

東電が住民・県民を無視してきた歴史を大きく二点にまとめるかたちで述べたいと思います。

住民無視の歴史①

一つは、東電は一九五五年、社長室に原子力発電課を設置し、六〇年に双葉郡を原子力発電の適地と確認して、六六年東京電力と東北電力の職員、建設省と通産省の職員一一人による、『双葉原子力地区のビジョン』作成の「調査・研究」を始め、六七年、第一原発一号の建設に着工し、六八年、第二原発建設を発表しました。

東電はこの間の経過を八三年三月に自ら発行した『東京電力三十年史』で次のように述べています。「当社は、昭和三〇年代の前半に具体的な発電所候補地点の選定を始め、広範な立地調査を実施したが、東京湾沿岸、神奈川県、房総地区で広大な用地を入手することは、人口密度、立ち退き家屋数、設計震度などの諸点から困難であった。そこで、需要地に比較的近接した候補地として、茨城県、福島県の沿岸に着目し、東海村をはじめ大熊町など数地点を調査し、比較検討を加えた」結果、「双葉郡町村には特段の産業がなく、農業主導型で人口減少の続く過疎化地区であった」と、双葉郡を原発の適地とした経過と事情を述べています。

そして、二〇〇八年三月、これも東電が発表した『福島第一原子力発電所四五年のあゆみ』の中で、「大熊・双葉両町にまたがる旧陸軍練習飛行場跡地を中心とする三二〇万㎡が適地であると確認した。適地確認が順調に進んだ背景には、東京電力が原子力発電所の設置を決めてから入念な根回しを行った……などの事情がある」と正直に述べています。

また、『双葉原子力地区の開発ビジョン』で、「双葉地区は人口密度も二〜三の町中心地区を除いてはきわめて低く、廉価な土地資源に恵まれた立地条件が脚光を浴びるに至るには必然のところであった。この恵まれた立地条件にまず目をつけたのが、将来のわが国エネルギーの源泉を原子力に求めようとしている電力業界である」と述べ、「一般的に言って、現状における原子力発電所の立地条件というものを整理してみれば」として、五項目挙げており、その一番目に、「周辺地域に大都市がなく、人口密度の低い地域であること」、これが原発の立地条件であると明確に言っています。そこに入念な根回しをして適地とした、と正直に述べているんですね。

住民無視の歴史②

もう一つ、東電は一九七一年三月、第一原発一号機の営業運転を始めますが、三・一一までの四〇年間、住民・県民の原発への不安、疑問、訴えにただの一度もまじめに向き合ったことはありませんでした。専門科学者の意見や警告もことごとく無視し続けてきました。

第一原発一号機は七〇年七月に臨界に達し、七一年三月二六日営業運転を開始しました。この営業運転開始までの七カ月の間に、新聞報道だけでも一〇回のトラブルがありました。原発を不安に思う住民の声が上がるようになっていました。そして、営業運転を開始した同日、広野町が東京電力の広野町火力発電所を誘致することを決めました。こうしたことで住民が原発と火発の公害を心配するようになりました。そこで、七二年二月、「公害から楢葉町を守る町民の会」が結成されました。

町民の会は、専門家を呼んで講演会を開催したり、さまざまな活動を始めますが、先ほど紹介しました『東京電力三十年史』の中にそのことが書いてあります。「反対組織が発足し、機関紙の発行、集会、ビラ配布、署名運動などの動きが見られるようになってきたのもこのころである」。われわれは実際に機関紙も発行し、ビラも配り、講演会もやり、宣伝もやったんです。だから、住民が具体的に何を不安に思っているのか、何を疑問としているのか、彼らは重々承知していたのです。

七三年の九月、私たちは署名を集めて公聴会の開催を要求しました。これが全国初の公聴会となって実現するんですが、開けてみたら、一〇〇パーセントやらせ公聴会でした。しかし、やらせ公聴会であっても、この機会をとらえて私どもの疑問や不満をぶつけてやろうということになって、いわき市の公害に反対する九つの住民組織、日本科学者会議福島支部、県内の団体・個人で「原発・火発反対福島県連絡会」を一九七三年九月に結成し、公聴会に臨みました。ところが、やらせ公聴会でしたから、私どもの意見陳述希望は六〇人出しましたが、一五人しか認められない。それでは全部言い切れないということで、『六〇人の証言』として陳述書を提出しました。

ところが、その「公聴会」で出された意見の検討中にもかかわらず、福島県は埋め立て免許を出し、七四年四月公聴会の検討結果が出るや否や、田中内閣が設置を認めました。そこで私ども浜通りの住民四〇四人が原告になって、設置許可取消を求め七五年一月七日に提訴しました。

四〇年訴え続けた

七九年にはスリーマイル、八六年にはチェルノブイリで大事故が起きて、八九年にはわれわれが裁判中の第二原発で大事故寸前の事故がありました。しかし、九二年の一〇月、最高裁の不当判決で終わりました。この裁判で訴えたこと、六〇人の証言で陳述したこと、住民の意見はまったくいまもそのまま訂正する誤りはありません。また、私たち県民の闘いは、結成以来、連続して起きた大小の事故、事故隠し、データの改ざん・ねつ造事件について抗議し、対策を求めなかったことはまずありません。四〇年訴え続けて、ほぼ一カ月半に一回、そうした交渉の機会を重ねてまいりました。二〇〇五年二月二日の交渉を皮切りに、再三再四、一一年の直前まで地震と津波、特に津波については口頭、文書等で東電本社まで出向いて訴えてきました。

東電は昨年三月二九日、「福島原子力事故の総括および原子力安全改革プラン」を発表しました。その中で「事故の根本分析」にたとえばこんなところがある。「対策を実施することが社会的に現状の安全性への不安を招き、設置許可取り消し訴訟への影響は長期運転停止につながりかねないことを心配し、対策を不要とする意識が働いた」「稼働率などを重要な経営課題と認識した結果、事故の備えが不足した」と述べています。このほかにも注目すべきところが他所にもあります。ずいぶん「反省」しているようです。しかし安全改革プランとあるとおり、再稼働のためのプランでしょう。

責任を認めよ

私の結論ですが、福島原発の過酷事故は起こるべくして起きた事故です。「つぐなえ」というのは、起こるべくして起きた事故を認めて、その責任を認めて、奪ったすべてをつぐなえということです。「なくせ原発・放射能汚染」とは、われわれも含めて、これからの世代への責任の思いを込めております。「子どもたちが安心して生活できる福島に」。このスローガンは私たちの思いと闘いの決意を込めたスローガンです。私たち福島原発公害被害者訴訟と脱原発の闘いの決意と意義は、この一語に尽きると思っております。

四　全国各地の原告団・支援活動の経験交流と討論から

1　立証責任が住民側にあることをどうやって転換するか

関西学院大学　神戸秀彦

私は民法といいますか、環境法を専門にしています。繰り返し、福島原発については福島県連絡会が申し入れをしています。特に重要なのは、二〇〇五年五月、一九六〇年のチリ津波に福島第一原発は耐えることができないのではないかという指摘をすでにしています。それが現実化したというわけです。これ以外にもプルサーマルのデータ隠し、あるいはさまざまな事象がこれまで起こってきています。

具体的な危険性

結局これから訴訟の中で問われてくるのは、具体的な危険性がはたしてあるんですかということです。抽象的な危険性に過ぎないでしょうと。つまり、抽象的危険性のレベルで差止は認められない。具体的な危険性を住民に挙げて立証しろと。いままで、裁判所は、一部の例外を除いてそのような態度で来たのが主流だったと思います。

ただ、住民のほうからかなり具体的に、こういうことが起こるのではないかと繰り返し、繰り返し指摘しているわけです。それは抽象的な危険性だと言うことはできないのではないか、というぐらいに繰り返し指摘されている。それが福島で現実化した。今回福島の事例を踏まえ、いったん異常が起こったらどういうふうになるのか、つまり結果の重大性をどうやって全国的な差止訴訟の中で訴えていくかということだと思います。

最高裁の伊方原発の判決を見てみると、最後は立証責任が課されてくる。立証責任をいったいどちらが負担するのか、そこが問題になってきます。

結局、最高裁は、よく判決文を見ると「まず、」という有名な出だしで始まって、最初は電力側が証明しなければいけないというふうな文言が出てくるのですが、最終的には原告側が証明しなければいけないと言うんですね。つまり、一定の科学的な根拠を持って。もちろんこちらは素人ですから、「一定の」しか言えないわけですが、それについて電力会社側が反論してくるという展開になります。そういった力の相違があるので、それなりに最高裁で考えて、「一定の」程度住民側が立証したら、それに対しては被告側がそれに対する反論という構造になっていますが、最終的に最高裁判決は、立証責任は住民側にあるというのが結論です。

立証責任の転換を

要するに、結局再反論がなされると、住民側に立証責任があるという話になってしまう。立証責任が最高裁の場合には最終的には住民側になっていく。ここのところはどうしても転換する必要があるのではないかと思います。

裁判官の中でも、たとえば井戸裁判官は例の志賀原発訴訟で差止判決を出した方で、今度は弁護士になって原告側代理人をやっていますが、井戸さんは立証責任の転換について、もう転換すべきであるというふうにおっしゃっています。結論的には最高裁や高裁まで行ってすべてひっくり返ってしまっていますが、判決の中には良心的なものも二つだけあります。井戸さんの志賀原発訴訟の判決と、もう一つは行政訴訟ですが、もんじゅに関する無効確認訴訟で、許可が無効であると言った判決の二つです。これを参考にしながらやっていく必要があるのではないかと思います。

そのときと決定的に違うのは、福島の事故がすでに起こっているという事実です。これが従来の結果的に上級審で全敗した裁判と決定的に違うところだと思います。最高裁は、他方で、万が一にも事故が起こったらこうなるということを考えて厳重に審査しなさいと言っていて、その万が一が起こってしまったんですが、万が一の事態が起こったらこうなるということを福島の事例と絡めて主張していかなければいけないと思っています。

2　石巻の地から女川原発反対運動

宮城県石巻市・「なくそう原発・石巻」共同代表　弁護士　**庄司捷彦**

石巻市は津波の大きな被害を受けました。同時に女川原発の立地自治体でもあります。私は、女川の人たちと共同しながら、いま女川原発の再稼働を許さないという運動をしています。福島原発の被災状況を見ながら、私たち女川原発の状況を振り返っています。

東北電力の発表でも、六〇〇カ所以上の故障箇所は地震で起きたとのことです。その修理をしながら、「いま一九mぐらいの高さの防潮堤を構築して津波対策を取りました」と言いつつ、再稼働に向けて審査の請求も出しています。

一号機から三号機までありますが、さしあたり電力会社が再稼働を意図しているのは二号機です。しかし、女川原発は、実は八〇cmの水位差でかろうじて助かった原発です。原発の立地地は一四m八〇cmの高さがありました。しかし、あの地震で一m地盤が沈下しました。一三m八〇cmのところに一三mの津波が来たということです。

津波の高さですが、女川町中心部を襲った津波は一七m、二〇mと言われています。しかし、なぜ女川原発の立地地には一三mの津波だったのか。私たちは三号機の公聴会のときに、「津波による引き潮に取水口は耐えられるのか。取水口が丸裸になってしまって、冷却水が取水できないのではないか」という質問をしました。そのときは「いや、大丈夫です」と東北電力は言っていましたが、あとでひそかにあの湾内を一〇mばかり浚渫したんですね。そのおかげで今回の津波の高さが一三mに抑えられた。東北電力は女川の町議会で議員の質問に答えて、「この浚渫の効果があった」ということを認めていました。このように危うく助かった女川原発ですから、私たちは何としても再稼働を許したくないのです。

そして、原発から三〇㎞圏内ということになれば、私たち石巻の中心部も入りますし、市部は美里町、五〇㎞圏内だと仙台まで入ります。そういう地域に原発が再稼働していいのかということをいま正面から取り上げて、市民運動を展開しています。県知事に対する要請署名、石巻市議会に対する請願署名、そのような行動をいま取っているところです。

女川原発については、たしかに訴訟は現時点では提起されておりません。しかし、未来を絶たれた福島の現実を見ながら、そして未来を私たちが守る、子どもたちの命を守っていくという立場、福島の悲劇を忘れないで、二度目の福島を引き起こさせないという立場から、再稼働を許さない運動を展開しているところです。全国的な運動と連帯しながら頑張っていきたいと思います。

3　裁判闘争に勝つために認められること

「原発なくそう！　九州玄海訴訟」弁護団共同代表（弁護団長）　**板井　優**

私どもは三・一一以降に裁判を決意しました。九州は玄海と川内で名前を出した弁護士が約二〇〇名います。私どもはどうやったら勝てるんだろうか、そこを探るところから始まりました。

水俣病でいうと、チッソは当時の水道法の水銀排出量をちゃんと守っていたけれど、水俣病は起きた。少なくとも今回事故を起こした第一原発は、一応国が当時つくった基準をクリアしたということになっています。この基準はいったい何なのでしょう。結局チッソと同じように、これは単なる操業の基準であって安全の基準ではないはずです。だから、操業の基準だということをはっきりさせていく。そして、安全という問題はまったく別のところにあるということを明らかにする。そのために私どもは一万人の世論をつくっていくということを前提にやっているわけです。また、被害を前提に問題を解決しなければならないということで、福島の被害を一所懸命裁判所で言っています。

裁判に勝つために

でも、それだけでは勝てないだろうと思います。裁判外でもう一つしなければいけないことは、九電の社長は、川内については薩摩川内市と鹿児島県、玄海については玄海町と佐賀県の同意があれば再稼働していいと言ったわけです。立地自治体のことしか考えていない。そこで、私どもは、福島の事故では、立地自治体ではなくたとえば、飯舘村などの被害自治体が現実に存在するということを示しました。立地自治体の外にも被害者が現に存在する。そのことを明らかにするためにも風船プロジェクトをちゃんとしないといけないと思いました。全国各地に被害自治体があるということ。そのことを掘り起こして、私どもはそこを足がかりにして闘っていく必要があるのではないだろうか。そのことが非常に大事ではないかと思っています。

それと同時に、法廷の中で立証責任を転換ないし軽減しないと勝ち抜けない。同じようなことは、四大公害裁判のときに、そういうふうなかたちで裁判所の考え方を変えるということでやってきたわけです。同じようなことをやらないと勝ち抜けないだろうと思っています。そういう意味で、勝っていく道筋をどうやってつくっていくのか。このことが大変重要なことだと思います。

たとえ勝っても

もう一つ重要なのは、裁判に勝つだけで本当に解決できるのだろうかということです。これは大変な誤解があるだろうと思います。私は九州で川辺川のダムの関係のことをやっていました。国営の利水訴訟というのをやっていましたが、勝ってから、農水省がこれを上告しないと言って確定したあとに、農水省と交渉したんです。そうすると「いやあ、あれは負けました。もう一度計画をつくって立ち上げます」と言った。大変なことですよね。裁判所がいくつかの点を指摘すれば、その指摘を受けた電力会社が乗り越えて再申請をする。そして、国はさっさと認めてしまう。そうするとまた立ち上がるわけです。

二度目の裁判はなかなか大変だということは、弁護士であればだれでもわかります。そういう意味で、個別の裁判に勝つだけで問題が解決できるのか。それを考えると、法律をきっちりつくっていく、廃炉にしていく法律をちゃんとつくっていくという闘いが同時に必要ではないかと思ったんです。

そのために九州から東京は遠すぎる。国会がある東京までしょっちゅう行くのは大変だと思っています。水俣のときも大変苦労しました。九州から東京への闘いが終わってお金を数えてみたら、約三億五〇〇〇万円使っていた。とてもではないけれど、この裁判でそういうことはできない。福島も含めて首都圏で損害賠償裁判をされている方もいっぱいいる。われわれの勝訴判決などを前提にして、どうやったらこういう法律をつくらせていく闘いに展開できるのか。そのことを考えないといけないのではないかと思っています。

壮大な闘い

私は司法だけでこの問題を解決できるとは到底思えない。やはり国会、立法機関をどうにかしないと、この問題を解決することはできないのではないか。裁判官だけに変わってもらう。それももちろん必要ですが、それだけでいいのかということがあると思います。

九州でわれわれは玄海の四つすべての原発の廃炉を求めています。ところが、九電は玄海の一号機、二号機はさておいて、三号機と四号機の再稼働を申請した。では、一号機と二号機はどうするのか。やめるつもりか。現実に起こっていることは、原子力規制委員会や九電そのものが安全な原発と危険な原発というふうに分けて、安全な原発は申請する。そして、それが通ったらさらに新規の原発としていく。そういうことになれば問題の解決にはつながらないのではないか。そういう意味では、司法と立法の問題を私たちが乗り越えるような壮大な闘いをしていかないと、この問題は解決できないと思っています。

一万人というのは弁護団全員の合意でありまして、私は一万五〇〇〇人ぐらい必要ではないかと思っていますが、そういう合意はなかなかできないものですから、とりあえず一万人はやろうということで、みんなで決意をしているということです。

（玄海では一四年六月三日の第一〇次提訴で、八〇七〇人の原告となりました。また風船プロジェクトについては一四年六月一日に『風がおしえる未来予想図　脱原発・風船プロジェクト〜私たちの挑戦』花伝社、一〇〇〇円＋税を公刊しています。）

4　原告団と弁護団が助け合うために

「生業原告団」副団長　武田　徹

米沢では約七〇人が裁判に入っています。全国から来られた方、ぜひ避難者の人たちに伝えたいことがあります。二六日に福島県と交渉を行いました。東京都から沖縄あたりで、福島県が平成二七年三月以降は住宅の延長を認めないと言っているという話が出ていますが、福島県はそんなことは一切言っていないと言明していました。被害者が一番心配しているのは住宅の延長問題です。ですから、福島県はそんなことを一切言っていないということを避難者に伝えてほしい。

それから、弁護士費用として着手金が一〇〇万出たという話があり、非常によかったと思います。弁護士の先生方や代表の先生方にお願いしたいのは、河合弁護士が言われたような一〇〇万の着手金が出たというような話をぜひしていただきたい。あまりにもまじめすぎて、聞いているほうはどうしていいかわからない。河合氏のような話術が非常に重要です。

大衆運動と裁判の両方が両輪というのは明らかで、だいたい弁護士が集めて説明会をやるなどというのはおかしい。これは原告側が集まって、われわれに手を貸してくださいというべきでしょう。私は福島県とも山形県知事とも交渉をやっています。結構得るものがあります。ですから、原告団は本当に頑張る必要がある。原告団と弁護団が助け合ってやっていくほど重要なことはないと思います。

第Ⅲ部

特別寄稿

大飯原発三、四号機差止裁判勝訴判決の活動報告

福井から原発を止める裁判の会事務局長　松田　正

私たちは安全に生きたい。

3・11から、これまでどれだけの涙を流してきたことでしょう。家を奪われ、土地を奪われ、放射能の事で家族崩壊、地域崩壊、汚染されているにもかかわらず飲まなければならない水。被曝され続けているのに効果的なことは何一つ支援できないでいる。悔しい涙。この「苦しみ」を裁判官に訴えたい。

ただ穏やかな生活がしたいだけなのです。

私たちの安全は、「法律」によって守られていたのではなかったのでしょうか。法に不備があり私たちを守ることができないのでしょうか。それとも法の運用の仕方に不備があり、一部に科学者たちが警鐘を鳴らしていたにもかかわらず、福島の事故を起こすようなものを認めてきたのでしょうか。

しかし、子どもや孫たち、そして未来の人たちの為に、献身的で諦めない善良な人たち、仲間たちによって、この苦しい状況を変えることができると信じています。

これまでの社会もそのように変えてきたのですから。

世話人代表　松田正

（私たちが、大飯原発差止裁判の参加を呼びかけた文です。）

福井県から提訴

私が住んでいる福井県の人口は約八〇万人。とても少ない県です。このような人口密度の所で、経済も豊かでない所だったので一五基（もんじゅ、ふげんを含む）も原発が建設されたのでしょう。原発に反対するにはそれなりの勇気が必要な土地柄でもありますが、原告参加の呼び掛けでは、これまではっきりと反対をしてこなかった人たちを含め一四〇人、そして北海道や沖縄、福島など各地からの参加を得て、合計一八九名で、二〇一二年一一月に提訴することができました。

福島にて

松田正氏

あの忌まわしい三・一一の事故の報道があった時、多くの方が恐怖に怯えたことでしょう。そして今後どうなるのだろうと思っていました。私も三月一五日の爆発の報道があった直後、福島南相馬からの「ガソリンがない。避難できない」の声を聞き、後先も考えず、軽トラックに僅か二〇〇リットルのガソリンを積んで、南相馬へ行きました。当然わずか二〇〇リットルなど、必要としている量にすればチャポンともしないのですが、無鉄砲で深い考えもしない私にとっては、「何とかしなければ」との思いからでした。南相馬へ着いた

写真①　南相馬市、ショッピングセンターで

時には必要としていた人は、市の用意したバスで草津市へ避難した後でした。（写真①）

ガソリンは南相馬から相馬市へ避難していた人を送っていった後、相馬市の避難所の公用車に入れて帰りました。

つくづく、一人では何にもできないことを知ったのです。その後私の連れ合いと南相馬へボランティアに行っていました。南相馬で泥の掻き出しなどをしているときに、「福井でも反原発運動をしましょう、早く福井に帰ってこい」との催促があり、（尊敬している先輩で裁判を積極的にやろうという方から）その当時反対デモを企画した方々と合流して「サヨナラ原発福井ネットワーク」を立ち上げました。そのネットワークへ今回の裁判の弁護団事務局長の笠原氏から、「福井でも裁判しましょう」と、何回も何回も呼び掛けがあり、私は、最初積極的ではありませんでしたが（多額の資金が必要であることが理由）、裁判に取り組むことになりました。素人の私たちにとっては、暗中模索のスタートでした。福島大学で行われた全国反原発弁護団の会合の参加や、東電や政府の責任を問う裁判の参加など積極的に取り組んでまいりました。

原告団の結成と役割

裁判には多くの参加が必要との認識はありましたが、私のような知名度のない者が呼びかけたとしてもなかなか多くの方には理解してもらえませんでした。特に、これまで反原発運動に取り組んできた県内の組織や団体からはそっぽを向かれる有様です。私がそれまで県内で参加した運動といえば、もんじゅ事故の後「大切なことはみんなで決めよう」ぐらいなものでしたから、「松田」から呼びかけられても関心を持っていただけなかったのでしょう。

私は当時、福井では関心の薄い「在日外国人の参政権を考える会」で参政権裁判の後、地方公務員の採用における国籍条項撤廃の活動をしていたので皆さんには馴染みの薄い存在でした。（国籍条項撤廃の運動はそれなりに成果が上がっていました。そしてその活動では、裁判は負け続けでしたので、判決の日の幕出しで「司法は生きていた」（写真②）を掲げたのです）

写真②　判決直後の幕出し

その後多くの人たちの参加が参加を呼び、一八九名です。全国の二〇〇〇名、一万名を擁する原告団からするとちっぽけなものです。

原告団弁護団会議に最初に参加した時から、原告団の役目は、原告の人を集める、裁判費用を集める、裁判の時、傍聴席を埋める。これが重要な仕事だとわかりました。私たち原告は弁護団に、裁判が開かれる時には、必ず一人は原告の陳述をさせてほしいとお願いをしました。その、原告陳述は思いのほか仕事量の多いものでしたが、今振り返ると、苦しいときもありましたが、楽しいものでした。（写真③）

写真③　第２回　記者会見

原告陳述

第一回目の原告陳述は、敦賀市で市会議員をしている今大地晴美氏。小柄な方ですがすごい迫力で、淡々と陳述した後、関西電力の弁護団に向かって「人の命と、経済を一緒にしないでください」と叫んでくださいました。

二回の公判では、私たちの代表である中嶌哲演氏が格調高く、最初は宮沢賢治の「雨ニモマケズ…」の一説から始まり、最後は、仏教者らしく仏陀の言葉を引かれ「……一切の生きとし生けるものは幸福であれ、安泰であれ、安楽であれ。いかなる生物生類であっても、怯えているものでも強剛なものでも悉く、長いものでも、大なるものでも、中位のものでも、短いものでも、微細または粗大なものでも、目に見えるものでも、見えないものでも、遠くに或いは近くに住むものでも、すでに生まれたものでも、これから生まれようと欲するものでも、一切の生きとし生けるものは幸福であれ」と結ばれ、裁判官に訴えられ、私たちにとっても、感激の陳述でした。

三回の陳述は、福島県田村市都路町から金沢市に避難している浅田正文氏。原発事故が起きると、あの自然豊かな福島の地で、第二の人生を、奥さんと心豊かに送っていた暮らしが全滅になってしまったことを述べられました。もう二度とあのような楽しい、豊かな生活はできなくなったことを述べられました。

四回の陳述は東山幸弘さん。大飯原発から一五㎞の所にお住いで、避難は困難と陳述。

　五回の陳述は、水戸市に避難している木田節子さん。ご自身の悔しい体験を述べられました。私は涙で聞きました。裁判官に通じてほしいと願っていました。
　六回は水戸喜世子さんです。反原発学者「水戸巌」氏の奥さんです。私たちの原告にこのような方がいらっしゃったことは知りませんでした。学者らしく、いったん事故が起きれば琵琶湖は全滅、それは日本の全滅を意味すると裁判官に切々と訴えました。陳述にはご主人の遺影を立てていました。「あなた、私が仕返しします」と言っているように私には感じられました。（写真④）
　七回の陳述は、原発から一番近い所にお住いの世戸玉枝さん。目先の利益よりこれからの子どもたちを守ってくださいと訴えました。

写真④　水戸喜代子氏

　最後の八回目は、山本雅彦氏。関電の下請け会社に勤務している技術者。地震、原発の危険性を丁寧に説明しました。
　陳述者にはその都度、丁寧に訪問しました。そのことも大切なことと思っています。判決は陳述した方たちの主張に沿った判決になっていたので喜びもひとしおでした。判決は、裁判官の資質もさることながら、福島の苦しみや、弁護団の献身的な証拠書類、準備書面の作成や、裁判に取り組んだことの無い者が、愚直にまじめに謙虚に取り組んだ結果だととらえています。
　判決の日、私たち原告の陳述の通りの内容に涙を流し、手に手を取り合って喜びあいました。

2014年（平成26年）5月21日（水曜日）

号外 福井新聞

発行所 福井市大和田2丁目801 電話 0776(57)5111 ©福井新聞社2014年

大飯3、4号再稼働認めず

福井地裁 福島事故後、初判決

東京電力福島第1原発事故後、安全性の保証をせずに大飯原発3、4号機（おおい町）を再稼働させたとして、福井県の住民らが関西電力に運転差し止めを求めた訴訟で、福井地裁（樋口英明裁判長）は21日、現在定期検査中の2基を「運転してはならない」と命じ、再稼働を認めない判決を言い渡した。福島事故後、原発の差し止めを認める判決は初めて。

差し止め認める

司法は生きていた

歴史的な判決

判決要旨の内容は、人として普遍的なものになっており、高裁・最高裁でも覆すことは、私には不可能のように感じています。

もし、この判決を覆すことができるとすれば、裁判官の良心、そしてまた、人間の資質をも捨てなければならないと思います。その為にもそんな裁判官が出ないように、世論を作っていくことが、これから大切になると考えています。

元々、へこたれず、あきらめず、できることを無鉄砲でもやってきたのですが、これからは、ひるまず、怯えずも付け加え、高裁でも大勝利の判決を勝ち取りたいと思います。

(8)

8　原告らのその余の主張について

原告らは、地震が起きた場合において止めるという機能においても本件原発には欠陥があると主張する等さまざまな要因による危険性を主張している。しかし、これらの危険性の主張は選択的な主張と解されるので、その判断の必要はないし、環境権に基づく請求も選択的なものであるから同請求の可否についても判断する必要はない。

原告らは、上記各諸点に加え、高レベル核廃棄物の処分先が決まっておらず、同廃棄物の危険性が極めて高い上、その危険性が消えるまでに数万年もの年月を要することからすると、この処分の問題が将来の世代に重いつけを負わせることを差止めの理由としている。幾世代にもわたる後の人々に対する我々世代の責任という道義的にはこれ以上ない重い問題について、現在の国民の法的権利に基づく差止訴訟を担当する裁判所に、この問題を判断する資格が与えられているかについては疑問があるが、7に説示したところによるとこの判断の必要もないこととなる。

9　被告のその余の主張について

他方、被告は本件原発の稼動が電力供給の安定性、コストの低減につながると主張するが、当裁判所は、極めて多数の人の生存そのものに関わる権利と電気代の高い低いの問題等とを並べて論じるような議論に加わったり、その議論の当否を判断すること自体、法的には許されないことであると考えている。このコストの問題に関連して国富の流出や喪失の議論があるが、たとえ本件原発の運転停止によって多額の貿易赤字が出るとしても、これを国富の流出や喪失というべきではなく、豊かな国土とそこに国民が根を下ろして生活していることが国富であり、これを取り戻すことができなくなることが国富の喪失であると当裁判所は考えている。

また、被告は、原子力発電所の稼動がCO_2排出削減に資するもので環境面で優れている旨主張するが、原子力発電所でひとたび深刻事故が起こった場合の環境汚染はすさまじいものであって、福島原発事故は我が国始まって以来最大の公害、環境汚染であることに照らすと、環境問題を原子力発電所の運転継続の根拠とすることは甚だしい筋違いである。

10　結論

以上の次第であり、原告らのうち、大飯原発から250キロメートル圏内に居住する者（別紙原告目録1記載の各原告）は、本件原発の運転によって直接的にその人格権が侵害される具体的な危険があると認められるから、これらの原告らの請求を認容すべきである。

福井地方裁判所民事第2部
裁判長裁判官　樋口英明
裁判官　石田明彦
裁判官　三宅由子

ことを防御する原子炉格納容器のような堅固な設備は存在しない。

(2)　使用済み核燃料の危険性

福島原発事故においては、4号機の使用済み核燃料プールに納められた使用済み核燃料が危機的状況に陥り、この危険性ゆえに前記の避難計画が検討された。原子力委員会委員長が想定した被害想定のうち、最も重大な被害を及ぼすと想定されたのは使用済み核燃料プールからの放射能汚染であり、他の号機の使用済み核燃料プールからの汚染も考えると、強制移転を求めるべき地域が170キロメートル以遠にも生じる可能性や、住民が移転を希望する場合にこれを認めるべき地域が東京都のほぼ全域や横浜市の一部を含む250キロメートル以遠にも発生する可能性があり、これらの範囲は自然に任せておくならば、数十年は続くとされた。

(3)　被告の主張について

被告は、使用済み核燃料は通常40度以下に保たれた水により冠水状態で貯蔵されているので冠水状態を保てばよいだけであるから堅固な施設で囲い込む必要はないとするが、以下のとおり失当である。

ア　冷却水喪失事故について

使用済み核燃料においても破損により冷却水が失われれば被告のいう冠水状態が保てなくなるのであり、その場合の危険性は原子炉格納容器の一次冷却水の配管破断の場合と大きな違いはない。福島原発事故において原子炉格納容器のような堅固な施設に囲まれていなかったにもかかわらず4号機の使用済み核燃料プールが建屋内の水素爆発に耐えて破断等による冷却水喪失に至らなかったこと、あるいは瓦礫がなだれ込むなどによって使用済み核燃料が大きな損傷を被ることがなかったことは誠に幸運と言うしかない。使用済み核燃料も原子炉格納容器の中の炉心部分と同様に外部からの不測の事態に対して堅固な施設によって防御を固められてこそ初めて万全の措置をとられているということができる。

イ　電源喪失事故について

本件使用済み核燃料プールにおいては全交流電源喪失から3日を経ずして冠水状態が維持できなくなる。我が国の存続に関わるほどの被害を及ぼすにもかかわらず、全交流電源喪失から3日を経ずして危機的状態に陥いる。そのようなものが、堅固な設備によって閉じ込められていないままいわばむき出しに近い状態になっているのである。

(4)　小括

使用済み核燃料は本件原発の稼動によって日々生み出されていくものであるところ、使用済み核燃料を閉じ込めておくための堅固な設備を設けるためには膨大な費用を要するということに加え、国民の安全が何よりも優先されるべきであるとの見識に立つのではなく、深刻な事故はめったに起きないだろうという見通しのもとにかような対応が成り立っているといわざるを得ない。

7　本件原発の現在の安全性

以上にみたように、国民の生存を基礎とする人格権を放射性物質の危険から守るという観点からみると、本件原発に係る安全技術及び設備は、万全ではないのではないかという疑いが残るというにとどまらず、むしろ、確たる根拠のない楽観的な見通しのもとに初めて成り立ち得る脆弱なものであると認めざるを得ない。

機能は電気によって水を循環させることによって維持されるのであって、電気と水のいずれかが一定時間断たれれば大事故になるのは必至である。原子炉の緊急停止の際、この冷却機能の主たる役割を担うべき外部電源と主給水の双方がともに700ガルを下回る地震によっても同時に失われるおそれがある。そして、その場合には（2）で摘示したように実際にはとるのが困難であろう限られた手段が効を奏さない限り大事故となる。

ウ　補助給水設備の限界

このことを、上記の補助給水設備についてみると次の点が指摘できる。緊急停止後において非常用ディーゼル発電機が正常に機能し、補助給水設備による蒸気発生器への給水が行われたとしても、①主蒸気逃がし弁による熱放出、②充てん系によるほう酸の添加、③余熱除去系による冷却のうち、いずれか一つに失敗しただけで、補助給水設備による蒸気発生器への給水ができないのと同様の事態に進展することが認められるのであって、補助給水設備の実効性は補助的手段にすぎないことに伴う不安定なものといわざるを得ない。また、上記事態の回避措置として、イベントツリーも用意されてはいるが、各手順のいずれか一つに失敗しただけでも、加速度的に深刻な事態に進展し、未経験の手作業による手順が増えていき、不確実性も増していく。事態の把握の困難性や時間的な制約のなかでその実現に困難が伴うことは（2）において摘示したとおりである。

エ　被告の主張について

被告は、主給水ポンプは安全上重要な設備ではないから基準地震動に対する耐震安全性の確認は行われていないと主張するが、主給水ポンプの役割は主給水の供給にあり、主給水によって冷却機能を維持するのが原子炉の本来の姿であって、そのことは被告も認めているところである。安全確保の上で不可欠な役割を第1次的に担う設備はこれを安全上重要な設備であるとして、それにふさわしい耐震性を求めるのが健全な社会通念であると考えられる。このような設備を安全上重要な設備ではないとするのは理解に苦しむ主張であるといわざるを得ない。

（4）　小括

日本列島は太平洋プレート、オホーツクプレート、ユーラシアプレート及びフィリピンプレートの4つのプレートの境目に位置しており、全世界の地震の1割が狭い我が国の国土で発生する。この地震大国日本において、基準地震動を超える地震が大飯原発に到来しないというのは根拠のない楽観的見通しにしかすぎない上、基準地震動に満たない地震によっても冷却機能喪失による重大な事故が生じ得るというのであれば、そこでの危険は、万が一の危険という領域をはるかに超える現実的で切迫した危険と評価できる。このような施設のあり方は原子力発電所が有する前記の本質的な危険性についてあまりにも楽観的といわざるを得ない。

6　閉じ込めるという構造について（使用済み核燃料の危険性）

（1）　使用済み核燃料の現在の保管状況

原子力発電所は、いったん内部で事故があったとしても放射性物質が原子力発電所敷地外部に出ることのないようにする必要があることから、その構造は堅固なものでなければならない。

そのため、本件原発においても核燃料部分は堅固な構造をもつ原子炉格納容器の中に存する。他方、使用済み核燃料は本件原発においては原子炉格納容器の外の建屋内の使用済み核燃料プールと呼ばれる水槽内に置かれており、その本数は1000本を超えるが、使用済み核燃料プールから放射性物質が漏れたときこれが原子力発電所敷地外部に放出されるよって複数の設備が同時にあるいは相前後して使えなくなったり故障したりすることは機械というものの性質上当然考えられることであって、防御のための設備が複数備えられていることは地震の際の安全性を大きく高めるものではないといえる。

第6に実際に放射性物質が一部でも漏れればその場所には近寄ることさえできなくなる。

第7に、大飯原発に通ずる道路は限られており施設外部からの支援も期待できない。

エ　基準地震動の信頼性について

被告は、大飯原発の周辺の活断層の調査結果に基づき活断層の状況等を勘案した場合の地震学の理論上導かれるガル数の最大数値が700であり、そもそも、700ガルを超える地震が到来することはまず考えられないと主張する。しかし、この理論上の数値計算の正当性、正確性について論じるより、現に、全国で20箇所にも満たない原発のうち4つの原発に5回にわたり想定した地震動を超える地震が平成17年以後10年足らずの間に到来しているという事実を重視すべきは当然である。地震の想定に関しこのような誤りが重ねられてしまった理由については、今後学術的に解決すべきものであって、当裁判所が立ち入って判断する必要のない事柄である。これらの事例はいずれも地震という自然の前における人間の能力の限界を示すものというしかない。本件原発の地震想定が基本的には上記4つの原発におけるのと同様、過去における地震の記録と周辺の活断層の調査分析という手法に基づきなされたにもかかわらず、被告の本件原発の地震想定だけが信頼に値するという根拠は見い出せない。

オ　安全余裕について

被告は本件5例の地震によって原発の安全上重要な施設に損傷が生じなかったことを前提に、原発の施設には安全余裕ないし安全裕度があり、たとえ基準地震動を超える地震が到来しても直ちに安全上重要な施設の損傷の危険性が生じることはないと主張している。

弁論の全趣旨によると、一般的に設備の設計に当たって、様々な構造物の材質のばらつき、溶接や保守管理の良否等の不確定要素が絡むから、求められるべき基準をぎりぎり満たすのではなく同基準値の何倍かの余裕を持たせた設計がなされることが認められる。このように設計した場合でも、基準を超えれば設備の安全は確保できない。この基準を超える負荷がかかっても設備が損傷しないことも当然あるが、それは単に上記の不確定要素が比較的安定していたことを意味するにすぎないのであって、安全が確保されていたからではない。したがって、たとえ、過去において、原発施設が基準地震動を超える地震に耐えられたという事実が認められたとしても、同事実は、今後、基準地震動を超える地震が大飯原発に到来しても施設が損傷しないということをなんら根拠づけるものではない。

(3)　700ガルに至らない地震について

ア　施設損壊の危険

本件原発においては基準地震動である700ガルを下回る地震によって外部電源が断たれ、かつ主給水ポンプが破損し主給水が断たれるおそれがあると認められる。

イ　施設損壊の影響

外部電源は緊急停止後の冷却機能を保持するための第1の砦であり、外部電源が断たれれば非常用ディーゼル発電機に頼らざるを得なくなるのであり、その名が示すとおりこれが非常事態であることは明らかである。福島原発事故においても外部電源が健全であれば非常用ディーゼル発電機の津波による被害が事故に直結することはなかったと考えられる。主給水は冷却機能維持のための命綱であり、これが断たれた場合にはその名が示すとおり補助的な手段にすぎない補助給水設備に頼らざるを得ない。前記のとおり、原子炉の冷却地震や津波のもたらす事故原因につながる事象を余すことなくとりあげること、第2にこれらの事象に対して技術的に有効な対策を講じること、第3にこれらの技術的に有効な対策を地震や津波の際に実施できるという3つがそろわなければならない。

イ　イベントツリー記載の事象について

深刻な事故においては発生した事象が新たな事象を招いたり、事象が重なって起きたりするものであるから、第1の事故原因につながる事象のすべてを取り上げること自体が極めて困難であるといえる。

ウ　イベントツリー記載の対策の実効性について

また、事象に対するイベントツリー記載の対策が技術的に有効な措置であるかどうかはさておくとしても、いったんことが起きれば、事態が深刻であればあるほど、それがもたらす混乱と焦燥の中で適切かつ迅速にこれらの措置をとることを原子力発電所の従業員に求めることはできない。特に、次の各事実に照らすとその困難性は一層明らかである。

第1に地震はその性質上従業員が少なくなる夜間も昼間と同じ確率で起こる。突発的な危機的状況に直ちに対応できる人員がいかほどか、あるいは現場において指揮命令系統の中心となる所長が不在か否かは、実際上は、大きな意味を持つことは明らかである。

第2に上記イベントツリーにおける対応策をとるためにはいかなる事象が起きているのかを把握できていることが前提になるが、この把握自体が極めて困難である。福島原発事故の原因について国会事故調査委員会は地震の解析にカを注ぎ、地震の到来時刻と津波の到来時刻の分析や従業員への聴取調査等を経て津波の到来前に外部電源の他にも地震によって事故と直結する損傷が生じていた疑いがある旨指摘しているものの、地震がいかなる箇所にどのような損傷をもたらしそれがいかなる事象をもたらしたかの確定には至っていない。一般的には事故が起きれば事故原因の解明、確定を行いその結果を踏まえて技術の安全性を高めていくという側面があるが、原子力発電技術においてはいったん大事故が起これば、その事故現場に立ち入ることができないため事故原因を確定できないままになってしまう可能性が極めて高く、福島原発事故においてもその原因を将来確定できるという保証はない。それと同様又はそれ以上に、原子力発電所における事故の進行中にいかなる箇所にどのような損傷が起きておりそれがいかなる事象をもたらしているのかを把握することは困難である。

第3に、仮に、いかなる事象が起きているかを把握できたとしても、地震により外部電源が断たれると同時に多数箇所に損傷が生じるなど対処すべき事柄は極めて多いことが想定できるのに対し、全交流電源喪失から炉心損傷開始までの時間は5時間余であり、炉心損傷の開始からメルトダウンの開始に至るまでの時間も2時間もないなど残された時間は限られている。

第4にとるべきとされる手段のうちいくつかはその性質上、緊急時にやむを得ずとる手段であって普段からの訓練や試運転にはなじまない。運転停止中の原子炉の冷却は外部電源が担い、非常事態に備えて水冷式非常用ディーゼル発電機のほか空冷式非常用発電装置、電源車が備えられているとされるが、たとえば空冷式非常用発電装置だけで実際に原子炉を冷却できるかどうかをテストするというようなことは危険すぎてできようはずがない。

第5にとるべきとされる防御手段に係るシステム自体が地震によって破損されることも予想できる。大飯原発の何百メートルにも及ぶ非常用取水路が一部でも700ガルを超える地震によって破損されれば、非常用取水路にその機能を依存しているすべての水冷式の非常用ディーゼル発電機が稼動できなくなることが想定できるといえる。また、埋戻土部分において地震によって段差ができ、最終の冷却手段ともいうべき電源車を動かすことが不可能又は著しく困難となることも想定できる。上記に摘示したことを一例として地震にたん発生した事故は時の経過に従って拡大して行くという性質を持つ。このことは、他の技術の多くが運転の停止という単純な操作によって、その被害の拡大の要因の多くが除去されるのとは異なる原子力発電に内在する本質的な危険である。

したがって、施設の損傷に結びつき得る地震が起きた場合、速やかに運転を停止し、運転停止後も電気を利用して水によって核燃料を冷却し続け、万が一に異常が発生したときも放射性物質が発電所敷地外部に漏れ出すことのないようにしなければならず、この止める、冷やす、閉じ込めるという要請はこの3つがそろって初めて原子力発電所の安全性が保たれることとなる。仮に、止めることに失敗するとわずかな地震による損傷や故障でも破滅的な事故を招く可能性がある。福島原発事故では、止めることには成功したが、冷やすことができなかったために放射性物質が外部に放出されることになった。また、我が国においては核燃料は、五重の壁に閉じ込められているという構造によって初めてその安全性が担保されているとされ、その中でも重要な壁が堅固な構造を持つ原子炉格納容器であるとされている。しかるに、本件原発には地震の際の冷やすという機能と閉じ込めるという構造において次のような欠陥がある。

5　冷却機能の維持について

(1)　1260ガルを超える地震について

原子力発電所は地震による緊急停止後の冷却機能について外部からの交流電流によって水を循環させるという基本的なシステムをとっている。1260ガルを超える地震によってこのシステムは崩壊し、非常用設備ないし予備的手段による補完もほぼ不可能となり、メルトダウンに結びつく。この規模の地震が起きた場合には打つべき有効な手段がほとんどないことは被告において自認しているところである。

しかるに、我が国の地震学会においてこのような規模の地震の発生を一度も予知できていないことは公知の事実である。地震は地下深くで起こる現象であるから、その発生の機序の分析は仮説や推測に依拠せざるを得ないのであって、仮説の立論や検証も実験という手法がとれない以上過去のデータに頼らざるを得ない。確かに地震は太古の昔から存在し、繰り返し発生している現象ではあるがその発生頻度は必ずしも高いものではない上に、正確な記録は近時のものに限られることからすると、頼るべき過去のデータは極めて限られたものにならざるをえない。したがって、大飯原発には1260ガルを超える地震は来ないとの確実な科学的根拠に基づく想定は本来的に不可能である。むしろ、①我が国において記録された既往最大の震度は岩手宮城内陸地震における4022ガルであり、1260ガルという数値はこれをはるかに下回るものであること、②岩手宮城内陸地震は大飯でも発生する可能性があるとされる内陸地殻内地震であること、③この地震が起きた東北地方と大飯原発の位置する北陸地方ないし隣接する近畿地方とでは地震の発生頻度において有意的な違いは認められず、若狭地方の既知の活断層に限っても陸海を問わず多数存在すること、④この既往最大という概念自体が、有史以来世界最大というものではなく近時の我が国において最大というものにすぎないことからすると、1260ガルを超える地震は大飯原発に到来する危険がある。

(2)　700ガルを超えるが1260ガルに至らない地震について

ア　被告の主張するイベントツリーについて

被告は、700ガルを超える地震が到来した場合の事象を想定し、それに応じた対応策があると主張し、これらの事象と対策を記載したイベントツリーを策定し、これらに記載された対策を順次とっていけば、1260ガルを超える地震が来ない限り、炉心損傷には至らず、大事故に至ることはないと主張する。

しかし、これらのイベントツリー記載の対策が真に有効な対策であるためには、第1にらといってこの数字が直ちに過大であると判断することはできないというべきである。

3　本件原発に求められるべき安全性

(1)　原子力発電所に求められるべき安全性

1、2に摘示したところによれば、原子力発電所に求められるべき安全性、信頼性は極めて高度なものでなければならず、万一の場合にも放射性物質の危険から国民を守るべく万全の措置がとられなければならない。

原子力発電所は、電気の生産という社会的には重要な機能を営むものではあるが、原子力の利用は平和目的に限られているから（原子力基本法2条）、原子力発電所の稼動は法的には電気を生み出すための一手段たる経済活動の自由（憲法22条1項）に属するものであって、憲法上は人格権の中核部分よりも劣位に置かれるべきものである。しかるところ、大きな自然災害や戦争以外で、この根源的な権利が極めて広汎に奪われるという事態を招く可能性があるのは原子力発電所の事故のほかは想定し難い。かような危険を抽象的にでもはらむ経済活動は、その存在自体が憲法上容認できないというのが極論にすぎるとしても、少なくともかような事態を招く具体的危険性が万が一でもあれば、その差止めが認められるのは当然である。このことは、土地所有権に基づく妨害排除請求権や妨害予防請求権においてすら、侵害の事実や侵害の具体的危険性が認められれば、侵害者の過失の有無や請求が認容されることによって受ける侵害者の不利益の大きさという侵害者側の事情を問うことなく請求が認められていることと対比しても明らかである。

新しい技術が潜在的に有する危険性を許さないとすれば社会の発展はなくなるから、新しい技術の有する危険性の性質やもたらす被害の大きさが明確でない場合には、その技術の実施の差止めの可否を裁判所において判断することは困難を極める。しかし、技術の危険性の性質やそのもたらす被害の大きさが判明している場合には、技術の実施に当たっては危険の性質と被害の大きさに応じた安全性が求められることになるから、この安全性が保持されているかの判断をすればよいだけであり、危険性を一定程度容認しないと社会の発展が妨げられるのではないかといった葛藤が生じることはない。原子力発電技術の危険性の本質及びそのもたらす被害の大きさは、福島原発事故を通じて十分に明らかになったといえる。本件訴訟においては、本件原発において、かような事態を招く具体的危険性が万が一でもあるのかが判断の対象とされるべきであり、福島原発事故の後において、この判断を避けることは裁判所に課された最も重要な責務を放棄するに等しいものと考えられる。

(2)　原子炉規制法に基づく審査との関係

(1)の理は、上記のように人格権の我が国の法制における地位や条理等によって導かれるものであって、原子炉規制法をはじめとする行政法規の在り方、内容によって左右されるものではない。したがって、改正原子炉規制法に基づく新規制基準が原子力発電所の安全性に関わる問題のうちいくつかを電力会社の自主的判断に委ねていたとしても、その事項についても裁判所の判断が及ぼされるべきであるし、新規制基準の対象となっている事項に関しても新規制基準への適合性や原子力規制委員会による新規制基準への適合性の審査の適否という観点からではなく、(1)の理に基づく裁判所の判断が及ぼされるべきこととなる。

4　原子力発電所の特性

原子力発電技術は次のような特性を持つ。すなわち、原子力発電においてはそこで発出されるエネルギーは極めて膨大であるため、運転停止後においても電気と水で原子炉の冷却を継続しなければならず、その間に何時間か電源が失われるだけで事故につながり、いっ

＊資料　大飯原発3、4号機運転差止請求事件判決要旨

主文

・被告は、別紙原告目録1記載の各原告（大飯原発から250キロメートル圏内に居住する166名）に対する関係で、福井県大飯郡おおい町大島1字吉見1-1において、大飯発電所3号機及び4号機の原子炉を運転してはならない。
・別紙原告目録2記載の各原告（大飯原発から250キロメートル圏外に居住する23名）の請求をいずれも棄却する。
・訴訟費用は、第2項の各原告について生じたものを同原告らの負担とし、その余を被告の負担とする。

理由

1　はじめに

ひとたび深刻な事故が起これば多くの人の生命、身体やその生活基盤に重大な被害を及ぼす事業に関わる組織には、その被害の大きさ、程度に応じた安全性と高度の信頼性が求められて然るべきである。このことは、当然の社会的要請であるとともに、生存を基礎とする人格権が公法、私法を問わず、すべての法分野において、最高の価値を持つとされている以上、本件訴訟においてもよって立つべき解釈上の指針である。

個人の生命、身体、精神及び生活に関する利益は、各人の人格に本質的なものであって、その総体が人格権であるということができる。人格権は憲法上の権利であり（13条、25条）、また人の生命を基礎とするものであるがゆえに、我が国の法制下においてはこれを超える価値を他に見出すことはできない。したがって、この人格権とりわけ生命を守り生活を維持するという人格権の根幹部分に対する具体的侵害のおそれがあるときは、人格権そのものに基づいて侵害行為の差止めを請求できることになる。人格権は各個人に由来するものであるが、その侵害形態が多数人の人格権を同時に侵害する性質を有するとき、その差止めの要請が強く働くのは理の当然である。

2　福島原発事故について

福島原発事故においては、15万人もの住民が避難生活を余儀なくされ、この避難の過程で少なくとも入院患者等60名がその命を失っている。家族の離散という状況や劣悪な避難生活の中でこの人数を遥かに超える人が命を縮めたことは想像に難くない。さらに、原子力委員会委員長が福島第一原発から250キロメートル圏内に居住する住民に避難を勧告する可能性を検討したのであって、チェルノブイリ事故の場合の住民の避難区域も同様の規模に及んでいる。

年間何ミリシーベルト以上の放射線がどの程度の健康被害を及ぼすかについてはさまざまな見解があり、どの見解に立つかによってあるべき避難区域の広さも変わってくることになるが、既に20年以上にわたりこの問題に直面し続けてきたウクライナ共和国、ベラルーシ共和国は、今なお広範囲にわたって避難区域を定めている。両共和国の政府とも住民の早期の帰還を図ろうと考え、住民においても帰還の強い願いを持つことにおいて我が国となんら変わりはないはずである。それにもかかわらず、両共和国が上記の対応をとらざるを得ないという事実は、放射性物質のもたらす健康被害について楽観的な見方をした上で避難区域は最小限のもので足りるとする見解の正当性に重大な疑問を投げかけるものである。上記250キロメートルという数字は緊急時に想定された数字にしかすぎないが、だか

編著　第二回「原発と人権」全国研究交流集会「脱原発分科会」実行委員会
【代表委員】小野寺利孝（弁護士）
【委　　員】板井　優（弁護士）・広田次男（弁護士）・望月賢司（弁護士）・丸山幸司（弁護士）・伊東達也・早川篤雄・佐藤三男（以上、原発事故の完全賠償をさせる会代表）
【事務局担当】望月賢司・丸山幸司・佐藤三男
【連　絡　先】小野寺協同法律事務所
電話　03-3818-6151　　FAX　03-3818-6154

「3・11フクシマ」の地から原発のない社会を！——原発公害反対闘争の最前線から

2014年9月10日　　初版第1刷発行

編著———第二回「原発と人権」全国研究交流集会 「脱原発分科会」実行委員会
発行者——平田　勝
発行———花伝社
発売———共栄書房
〒101-0065　東京都千代田区西神田2-5-11出版輸送ビル2F
電話　03-3263-3813
FAX　03-3239-8272
E-mail　kadensha@muf.biglobe.ne.jp
URL　http://kadensha.net
振替———00140-6-59661
装幀———佐々木正見
印刷・製本—中央精版印刷株式会社

ISBN 978-4-7634-0711-5 C0036